出版島讀

In Words

張俐璇——主編

國立臺灣文學館——策劃

蘇碩斌、蔡易澄、劉柳書琴、林月先、張文薰、楊佳嫻、張俐璇、王梅香、王鈺婷、金瑾、金儒農、李淑君、楊宗翰、趙慶華、徐國明、潘憶玉、賴慈芸、黃宗凱、郭正偉、陳國偉、吳昌政、鄭清鴻——著

臺灣人文出版的百年江湖

We Thrive

The History of the Liberal Arts Publishing Industry in Taiwan

目次

字的繁花盛開　一九七九—一九九一

寫給未來的字

一九九二—二〇二二

推薦語

依姓名筆畫排序

前人講：「少年若無一擺悾，路邊哪有有應公」，若是出版 ê 癡情是一擺悾過一擺；不計較物質喪鄉，只愛真善美播滿心田。故事愈講愈愛講，這本冊愈看愈愛看。

——方嵐亭　台灣教會公報社社長

本書透過爬梳臺灣一百多年來的人文出版歷史，讓人能夠更加理解今日臺灣出版面貌的形成過程，希望能夠因此開啟對於臺灣出版史更深入、更全面的研究，也期待臺灣出版界的下一個百年風華。

——平雲　皇冠文化集團發行人

本書集結臺灣文學學界中壯菁英，鳥瞰百年臺灣人文出版的壯闊風景、重大事件及其傳播現象，映照了臺灣人文出版史從殖民、威權到自由開放的百折千轉，也勾勒出臺灣文化從壓抑到重生的刻痕。

——向陽　國立臺北教育大學名譽教授

出版是文化產業鏈關鍵的環節。《出版島讀》述說臺灣百年人文出版史上的許多傳奇，記錄出版從禁錮走向自由、多元與開放的時代歷程，帶領讀者體驗名為出版的勇氣。

——李永得　文化部部長

出版是知識生產的最終環節，作者之經驗與智慧經此而得以傳播，穿越時空和讀者交會，出版之所以被視為文化發展的檢驗指標，蓋緣於此。所以，考察其歷史，試探作者通過出版如何對應時潮，實乃社會文化史建構的重要部分。《出版島讀》以臺灣為場域，看百年間人文類圖書的演化、類型出版的興衰等，為臺灣出版史之撰述奠定良好的基礎。

——李瑞騰　國立中央大學中文系教授、人文藝術中心主任

從統計數字來看，臺灣每年新書出版量數萬種，產能很大，但最後實際銷售金額並不美麗，可謂產值很小。以世俗眼光來說，出版這個行業決非坦途。但看過這本《出版島讀：臺灣人文出版的百年江湖》，就能了解臺灣的出版生態，縱使潮起潮落，還是有眾多出版勇者前仆後繼，各擅勝場，最終也才能為臺灣社會留下可貴的、無可取代的精神價值。

——林文欽　前衛出版社社長

臺灣現代出版史與政治、社會、經濟情勢的各種變化相互演進。本書從幾個面向觀察這些演進的軌跡，勾畫了臺灣現代文化史在出版領域的輪廓。

——**林載爵**　聯經出版公司發行人

這是一本我會擺在案頭的書，不僅結構完整、史料嚴實，文字下筆謹慎之餘筆鋒也蘸滿感情，有些還帶有血與淚的味道。三十六年前，我還只是個快樂的讀書人，書架上有想讀的就會抓來讀；三十六年後，已經是臺灣為數不多的「出版長者」了。前有古人，後更有來者，沒有往昔數代人的拚鬥，何來今天幸福的出版。

——**郭重興**　讀書共和國出版集團社長

出版人的枷鎖，「乞丐趕廟公」被通告修改。「中央」誤植「中共」被判叛亂罪。很多很多的出版先行者，籠罩在種種高壓的深淵。為了傳播善知識依然一直勇往前行，自反而不縮的勇氣令人感佩。

——**陳坤崙**　春暉出版社暨第一出版社社長

是小國小民的出版史導讀，也是好國好民的自由風景。

——**陳夏民**　逗點文創結社總編輯

以時間為經，人文事件為緯，兼及臺灣政經及社會重大事件，擘劃出臺灣人文出版全覽圖。

——陳素芳　九歌出版社總編輯

以臺灣出版社的成立年份及出版的走向為經緯，描繪臺灣出版的百年面貌。

——廖志峰　允晨文化發行人

出版反映了一個社會人民的思想與文明，儘管臺灣是個移民國度、曾經封閉管制的島嶼，但出版前輩在出版的努力耕耘與創意突破，仍然十分精彩豐碩。「有字有江湖，有出版就有文明」，祈願藉由《出版島讀：臺灣人文出版的百年江湖》，讓我們看到過去的勇氣，並不放棄未來可能的光明。

——趙政岷　時報文化出版公司董事長

從繁花盛開的出版舞臺，在讀過詩、散文、小說……文學多樣性的感性文字之後，走到後臺了解實際從事文字編輯的出版族群，是另一番風景，本書二十二位作者，將臺灣百年人文出版史躍然紙上，是一種功德和圓滿。

——隱地　爾雅出版社發行人

過去只是集合一家一家出版社成書的「百年江湖」，此書改以時間分段，將臺灣人文出版發展，從一八八〇年迄今的流變，有機地組成四個歷史階段呈現。此一結構的創新，讓「臺灣百年人文出版」有了較清晰的歷史面貌。

——**應鳳凰**　文學史料工作者

在網路與影視還沒發達的漫長年代，報紙副刊與書籍出版，曾是陪伴多少人走過成長歲月的主要平臺。這本書以人文出版為軸線，談百年來臺灣出版故事，每篇都讓人好像回到當年，時代與個人、書籍與作者，交纏互動、歷歷在目。十年前接下水牛出版社，不就也是在這樣情懷下的一種衝動。

——**羅文嘉**　水牛出版社社長

透過二十二位作者，生動有趣地勾勒出一百多年來臺灣出版產業在不同年代的風貌，從《臺灣府城教會報》的刊印，一九五〇年代遷臺的老牌大陸出版社，六〇至七〇年代美國新聞處對推播美國文化的影響，禁書的年代，一九七〇年代後期勇於嘗試創新、發掘本土作家、介紹西洋新知、開拓讀者視野的新秀出版社的興起，黨外雜誌的風起雲湧，排行榜的誕生，一九九〇後期的出版集團的出現，到臺語文書籍的出版與新世紀出版的典範轉移及挑戰，本書已為臺灣出版發展史奠下一塊寶貴的基石。

——**蘇正隆**　書林出版有限公司董事長、國立臺灣師範大學翻譯研究所兼任副教授

導論：合寫島嶼的未竟之書

張俐璇

一九九〇年代，我住在永康，當時的行政區域劃分是剛從臺南縣永康鄉升格的永康市，不是今天《台北女子圖鑑》裡的臺南市永康區。永康是「永保安康」祝福車票的起點，不過，我居住的永康，緊鄰臺南市的交界，和永康車站還有一段距離。也因此，中學六年，我會騎腳踏車跨縣市到一所教會女子學校上課。那些年的「放學路上」是最享受的時光，因為放學之後，回家之前，我常在租書店流連。游素蘭《火王》、渡瀨悠宇《夢幻遊戲》、席絹《交錯時光的愛戀》，臺漫、日漫與言情，租書店是家裡和學校之外的「第三世界」。

明明同樣是穿越劇情，家中李潼的《少年噶瑪蘭》是優良課外讀物，但從租書店帶回來的席絹，《交錯時光的愛戀》必須妥善包藏，在夜深人靜，對的時光裡，偷偷摸摸地愛戀。白天到了學校，又是另一場諜對課。那時解嚴未滿十年，學校教官還常利用朝會時間進教室，指派各班值日生搜查書包。愛戀席絹的那天，在操場升旗聽聞突擊檢查行動的我，帶著噗通噗通加速的心跳，已經做好當烈士的準備，未料回到教室卻是一片祥和，什麼事也沒發生。不過卻也看見，書包裡原本壓在愛戀上頭的三民主義課本，已經位移。正在納悶時分，抬頭接上值日生飄來的眼神與微笑，立刻會意明白，原來一樣青春的我們，都有同樣的愛戀，並且一起呵護這段不能見光的愛戀。

我再次想起這段往事，是在二〇一七年。因為協同清大王鈺婷老師主持國家人權博物館的查禁圖書研究計畫，我們前去北教大圖書館拜訪林淇瀁（向陽）館長，聽向陽老師開講戒嚴時代的讀書記憶，包含如何將《查禁圖書目錄》逆讀為「文青藏書指南」；如何在聊天時候利用關鍵詞試探，在同儕的眼神中尋找相知的光；如何委託僑生同學從香港購書、更換書封，讓馬克思披上孫中山的外衣，順利「登臺」。

字是作者思想的化身，當文字經由編輯出版，能凝聚同志，建立社群，也能撼動既有結構。於是，有字有江湖，出版即戰力。何謂「作者」（author）？何謂「出版」（publish）？一七五五年，英國文豪塞繆爾．詹森（Samuel Johnson）編寫的《詹森字典》是《牛津英語辭典》（一九二八）問世前的權威。依據《詹森字典》的「釋字」，所謂「作者」是「任何作品的第一位書寫者」；所謂「出版」則是「向世間推廣一本書」。身為職業作家，詹森長年處在倫敦的印刷文化產業結構裡，他的釋字，透露從作者「書寫」到出版「推廣」之間的各種可能。

以美國出版業者為例，一九四二年，他們組成一個非營利性團體「戰時圖書委員會」

（CBW），出版人諾頓（William Warder Norton）提出「圖書是思想戰爭的武器」作為標語，受到羅斯福總統的讚許支持，一九四四年登陸法國諾曼第海岸的物資，便有成箱的圖書。因為圖書關乎國內民眾與國外部隊的士氣維繫，也關乎「何為美國」的海外宣傳。

臺灣在不同歷史階段的報刊圖書出版，又是如何打思想戰？《出版島讀：臺灣人文出版的百年江湖》一書，經由十六篇專文、六篇特寫，嘗試為臺灣人文出版發展進行導讀。

本書是國立臺灣文學館「江湖有字在：臺灣人文出版史特展」（In Words We Thrive: The History of the Liberal Arts Publishing Industry in Taiwan）的延伸專書。臺文館特展與推廣專書的結合，在二〇二〇年有河野龍也、張文薰、陳允元合編《文豪曾經來過：佐藤春夫與百年前的臺灣》、朱宥勳主編《不服來戰：憤青作家百年筆戰實錄》；二〇二一年有王鈺婷主編《性別島讀：臺灣性別文學的跨世紀革命暗語》、蔡明諺主編《百年情書：文協時代的啟蒙告白》；二〇二二年有黃宗潔主編《成為人以外的：臺灣文學中的動物群像》等佳構。

借鏡前五書，《出版島讀》立基於特展內容，但另有擴充。「江湖有字在：臺灣人文出版史特展」的展示動線從「緣起：有一種勇氣叫出版」開始，著重在日治、戰後、解嚴之後三個時期，呈現各階段的禁錮與掙脫、重組與突破。相較於立體的展示空間，平面專書可以容納更大篇幅的論述，因此我們仍依時序，並再進一步將臺灣人文出版來時路，區分為「清領至日治時期」、「冷戰前期」、「冷戰後期」以及「《著作權法》修訂以來」的四個歷史階段。

第一篇「在島嶼種字　一八八〇—一九四五」談清領至日治時期，曾經有誰在島嶼怎樣「種字」、為什麼要「種字」，其中又有哪些在日後成為思想的種子。一八二〇年代，臺灣最早的出版業者在臺南，「松雲軒刻印坊」主要以雕版印刷善書經文，偶有少量的個人詩文集出版。一八八〇年代，第一部活字印刷機隨基督新教來到臺灣，以羅馬拼音的「白話字」印刷《臺灣府城教會報》，讓教友可以用在地的語言，直接與上帝溝通。一九〇〇年代，日本印刷廠和出版業者，與殖民統治同步登臺，以深具御用新聞色彩的《臺灣日日新報》為代表，兼採日文與漢文，在和漢文人、新舊文學之間，扮演橋接角色。

一九二〇年代，為發出自己的聲音，以漢文為主的《臺灣民報》系列報刊，成為臺灣新文學運動的重要場域；與此同時，白話字也從教會跨到社會，有社會評論也有小說書寫。一九三〇年代，日刊的大報《臺灣新民報》與《三六九小報》同樣想要擁抱讀者大眾，因而分別有取經日本昭和文化與中國古典文學的通俗小說生產。一九四〇年代前期，太平洋戰爭中斷了來自東京、上海的圖書進口，王仁德和他的清水書店等臺灣第一代出版人與出版社，趁勢而生。清水書店以張文環主編的《臺灣文學》雜誌為基礎，出版「臺灣文學叢書」，抗衡臺灣出版文化株式會社與西川滿《文藝臺灣》推出的「皇民叢書」，一同爭奪出版市場的讀者大眾。

第二篇「字的遍地生根　一九四六—一九七八」來到一九四六年禁用日文之後，臺灣出版業在全球冷戰結構中的洗牌重組。當臺灣第一代商業出版人沉寂，民國出版業從上海、南京「橫的移植」來臺，由臺灣商務印書館、中華書局、世界書局、開明書店、正中書局鼎立為「五大」出版社，以古籍重印、延續國學道統、教科書出版為主力。日治時期的兩大報《臺灣日日新報》與《臺灣新民報》，則經歷戰爭期的改名合併，在戰後轉生為省營的《台灣新生報》，與同時代的《公論報》、《自立晚報》、《國語日報》，和一九四九年後的《中央日報》、《中國時報》、《聯合報》，在報紙最多只有三大張的年代，展開各種黨政軍、官方民間、省籍內外的文字江湖角力。

中國文史哲傳承、各式綜藝與文藝生產之外，「冷戰前期」的臺灣人文出版，有文星書店、水牛、志文出版社等致力於現代思潮的翻譯輸入；也有成文出版社、南天書局與美國亞洲學會合作，協助中國文獻、臺灣史料的輸出。此外，幾個報紙副刊則與《自由中國》、《文學雜誌》、《現代文學》等雜誌合縱連橫，試圖以文學平衡文壇的戰鬥性格。一九七〇年代，數十家出版社聯營的中國書城、圖書出版事業協會、國際學舍書展相繼成立，與後來合稱「五小」的純文學、大地、爾雅、洪範、九歌出版社，共同締造人文出版大業，迎來「純文學」、瓊瑤傳奇與三毛旋風並存的年代。

第三篇「字的繁花盛開　一九七九－一九九一」呈現「冷戰後期」臺灣面對中美建交的國際新局、黨外運動勃發、市場機制更易下的出版戰術。用蕭阿勤的話來說，中美建交讓兩岸關係從「軍事衝突時期」來到「和平對峙時期」。「和平」年代，遠景出版社爭取到金庸武俠小說解禁；希代出版社和全國學生文學獎聯手，走出與皇冠出版社截然不同的言情路線；《推理》雜誌創刊，藉由歐美日小說的譯介，催生本土推理創作，類型文學蓬勃開展。不過各種思想立場的「對峙」依舊同在，當黨外雜誌《美麗島》遭查禁，繼之有高雄的《台灣文化》季刊，與美國的《台灣文化》雙月刊、臺北的《台灣新文化》月刊呼應接棒，開展文化評論與文學創作，越禁越開花。

人文出版作為思想的傳播實踐，是社會運動與文學運動的彈藥。一九八〇年代的新興詩刊與文學雜誌，各有其參與時代的路徑，有《春風》詩叢刊引介中國改革開放後的朦朧詩，有《文訊》整理中華民國文學史料，也有《文學界》致力於臺灣文學史的建構。與此同時，「文學五小」之外的桂冠、遠景、遠流、聯經、時報文化等出版社，和臺灣經濟一同起飛，家家戶戶的客廳，因為多種大套書的出版，開啟「酒櫃換書櫃」的風潮。金石堂、何嘉仁等連鎖書店快速發展，經由暢銷書排行榜打造出林清玄等「現象級」作家。一九八八年報禁解除，報紙增張，《中國時報》創立書評版面「開卷周報」，系統性評介新書，作為出版業和讀者之間的溝通橋梁，共同面向知識爆炸的時代。

第四篇「寫給未來的字　一九九二—二〇二二」是近三十年的出版回顧。解嚴並不代表完全的解禁，一九九二年刑法第一百條修正、海外黑名單返臺禁令取消；《著作權法》修正，未經原作者授權的翻印必究。法的修正，打開了言論自由，也改變了譯者的任務和讀者的記憶。租書店的翻譯羅曼史，逐漸被本土羅曼史取代；「小叮噹」變成「哆啦Ａ夢」，角色的名字，劃出了世代差異。全臺首座ＢＢＳ站也在一九九二年開設，創作與閱讀從線下來到線上。許多的創作，又從線上回到線下出版，虛實整合，作者與讀者重新整隊。編者與譯者則在各家文學書系規劃中，建立選書與裝幀的自我風格，系統性引介世界文學給當代讀者，也召喚後來的作者。

相應於閱讀社群的成熟，九〇年代邁入「大型集團化」的出版業，在千禧年後，同時走向「個人微型化」的另一端，多家獨立出版社，匯聚為創意大觀，無論作者與讀者，都能在各式「出版物／務」中找到知己，覓見安身之所在，實踐之論述。從當代思潮、近代思想的譯介，到臺灣學的重構、世界史的引進；從史料套書復刻，到數位資料庫建置；從國語文教科書的編選，到臺語文有聲書的製作，臺灣人文出版之「為物」與「為務」，雙雙與時俱進，因為各種志業任務未竟，所以書寫，所以出版，從而不斷更新「人文出版」的內涵。

《出版島讀》是二十二位作者合寫島嶼的未竟之書，回顧四個歷史階段的江湖風雨，指認前行者的百年追求之路。這條路上的出版風景，近年有許卉林導演、林靖傑監製的《台灣男子葉石濤》、許紘源導演談爾雅、洪範、九歌出版社的《來時路有光》，和蔡靜茹導演以《文學界》、《文學台灣》為核心的《文學的光影》等三部紀錄片，可資交互參照。百年江湖來路，謝謝出版人、研究者留下寶貴資料。謝謝本書二十二位作者的俠義相挺，資料浩瀚，章章不易。四個歷史分期，謝謝高鈺昌給予柔軟的標題。謝謝曾曉玲、羅詩雲、林佩蓉、陳夏民、陳學祈、莊千慧、王慈憶、林以衡、呂美親、李柏霖、蘇筱雯、王飛仙、陳韻如提供各種諮詢。謝謝竹風書店、南天書局，慷慨協助套書圖片拍攝。

本書作業自二〇二二年初與特展同步啟動，感謝蘇碩斌館長率領團隊策劃，也謝謝林巾力館長支持出版。特別感謝「出版島讀」討論群組中的諸位，時報文化出版公司的胡金倫、王育涵、張擎，以及國立臺灣文學館的簡弘毅、陳靜，這段時間在通訊軟體上的回回過招，次次精彩，一起完成島嶼的未竟之書，是難忘記憶。

一本書的完成，仍有許多未竟之處，期待未來的讀者與作者，加入出版追求之路，自由愛戀。

1880

在島嶼種字

1945

出版的威力

作家必須擁抱不認識的讀者

蘇碩斌

思想，先在作者的腦袋安靜運轉；如果印刷成書，影響力就能向不特定的遠方展開——煽動共同的情感、甚至誘發集體的行動。印刷，正是思想的載體，尤其「活字印刷」，更是把臺灣推向混用多種文字、帶動多元變革的特別介質。

為什麼特別要強調「活字印刷」？印刷成書，傳統漢語世界稱作「刊行」或「付梓」，現代的專業概念則是「出版」。二詞似可混用，但其實在印刷發展史卻是相反的二件事。「刊」是拿刀將木材剉去廢料，留下有字的板即為「梓」，合起來就是雕版印刷（woodblock print）；而「出版」則翻譯自英文的 publish，原義是 make public（訴諸公眾），必須要快速大量，就得仰賴活字印刷（type print）的效力了。

臺灣在一八五〇年代中期之前，還只是封建帝國的化外之地，但隨後面對政權的更迭，來了不同的人群、多種的文字，再憑藉活字印刷機的書刊出版，不認識的人群，腦袋逐漸混合，也產生了前所未有的新觀念、新文學、新讀者，以及新的臺灣國族想像。這是一段西方人、日本人、臺灣人，混用著拉丁文、日文、漢文，開創出有點悲壯卻相當繽紛的臺灣現代出版史。

寫書不難、出版不易：雕版到活版的時代變化

「活字印刷」引進臺灣之前，臺灣當然也有人在寫字、印書。暫不論荷蘭人的新港文書，最初在臺灣的作者就是漢學的儒官文人，若由漂到臺灣然後乾脆定居的沈光文算起，也有三百多年。他們怎麼讀書、怎麼寫文章？

讀的書？臺南進士施瓊芳，在光緒年間還記述「臺地工料頗昂，所有風世諸書，多從內郡刷來」；仰賴中國進口是毋庸置疑的。寫的文章？多數是手抄留存，偶需餽贈親朋、編纂官志，就

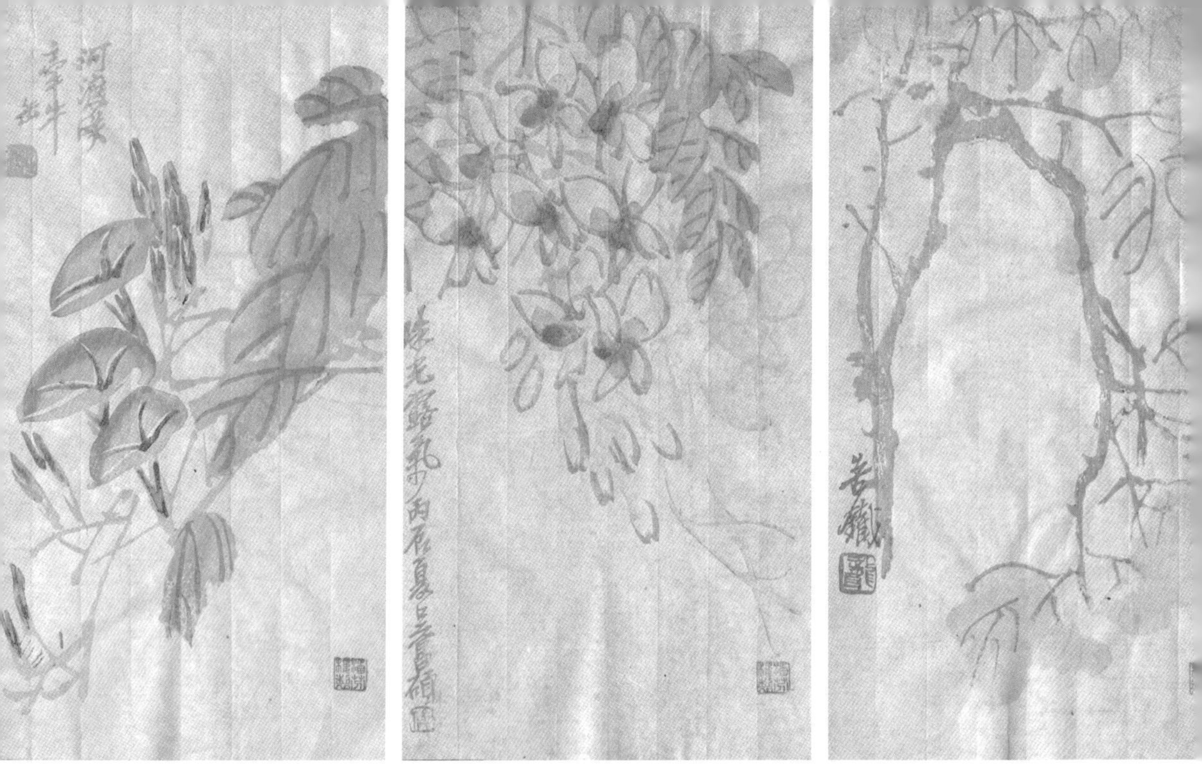

傳統雕版印刷中有「木版水印」彩色複印技術。圖為魏清德所藏彩色信箋，來自福州「話蘭室」所製。

要付梓刊行。臺灣的第一家印刷坊「松雲軒」，就在道光年間由臺南盧崇玉所創設，營業內容主要是代客印製習字教材、日用通書、歌仔冊、善書等。松雲軒採用雕版印刷，亦即，整塊木板逐字挖刻，數天甚至數月刻完，在紙張壓版上墨、裝訂成冊。

識得漢字的人不多，雕版印刷的用戶及讀者，當然不普及。連雅堂〈印版考〉記述活字版八字沒一撇的時代：

活版未興以前，臺之印書，多在泉廈刊行。府縣各志，則募工來刻，故版藏臺灣。然臺南之松雲軒亦能雕鐫；余有《海東校士錄》、《澄懷園唱和集》二書，則松雲軒之刻本也。紙墨俱佳，不遜泉廈。

現代活字技術，是逐字鑄刻堅硬的「銅模」、再以低熔點的鉛水灌進銅模、退出冷卻，大量生產成為鉛活字。把活字拼組成活字版，一頁只需幾分鐘，一本書只需幾小時，送上機器印刷，字體標準、產量龐大、時間快速、成本降低，也才有可能供應報紙。

活字印刷雖然由中華帝國北宋時代的畢昇所發明，但因傳統漢字文書不講時效、流通量不大，因此活字印刷反不如雕版印刷划算。所以中華帝國的元、明、清三朝七百餘年間，幾乎都是雕版刊行，只有極少數特殊案例使用活字印刷（例如《古今圖書集成》）。

相對地，西方的拼音字母，就是活字版最適合的環境。臺灣最早的活字印刷機，就用在拉丁文字母系統，也就是由英國長老教會帶來的、臺灣出版業的第一條路徑。

殖民史的偶然：白話字的出版

一八五八年臺灣因為清帝國不敵西歐的船堅礮利，在《天津條約》裡打開邊界，留給一八六五年英國長老教會來臺宣教的契機。長老教會一秉基督新教「萬民以自己語言接近上帝」之訓，若當地沒有書面文字，就借用拉丁文字母（俗稱羅馬字）研發方言書寫系統。

臺灣的「萬民」絕大多數不講官話、不識漢字，長老教會借用其他基督教會在馬六甲、廈門等地宣教的經驗，採用一套十七個拉丁字母、少數變體字母、六種音調記號組成的「白

1929 年「台灣白話字第一回研究會紀念」合照。

話字」（Pe̍h-ōe-jī），不必懂漢字就可以讓生活語言「我手寫我口」。

長老教會在一八八〇年獲得一部二手 Albion Press 活版印刷機，經過幾年準備，一八八四年巴克禮成立了「聚珍堂」（Chū-tin-tông），也就是「新樓書房」，印出白話字教材、聖經等等。更重大的成果，是一八八五年，印出臺灣第一的定期報刊《臺灣府城教會報》。

報紙跨越一百餘年、出版三千餘期，更換過幾個名字，現在稱為《台灣教會公報》，主要發行對象是教會會友。報紙不只宣教，也刊載世界新知，例如一九一二年六月，不識漢字的人也能在臺灣讀到當年四月「鐵達尼號在大西洋撞冰山」的全球話題。

除了臺南的新樓書房、教會公報

社，其他各地也在一九二〇年代成立出版社。例如教會公報社、屏東有「醒世社」，由牧師鄭溪泮創辦。這兩處白話字的重要據點，在日治時代出版了大量翻譯、創作的教義書籍、白話字教材，甚至還延伸到語言學、醫學、歷史、文學作品。

白話字出版的影響力，也跨出了教會而到社會。一九二〇年代臺灣文化協會蔡培火看中白話字的「啟蒙」能力，親自以白話字撰寫社會評論集《Chap-hāng Koán-kiàn》（十項管見），由新樓書房出版。白話字也有很多膾炙人口的小說，賴仁聲的小說集《Án-niá ê Bák-sái》（阿娘的目屎）、鄭溪泮的長篇小說《Chhut Sí-sòa^{n}》（出死線），都是醒世社出版的暢銷書。

臺灣白話字的系統，是以西方文字書寫本土方言的特異路徑，從一八六〇年引進、跨越整個日治時期、再進入戰後的中華民國，展現臺灣人最早的讀寫民主化表率。在一九六〇年代末期在「我愛說國語」的社會環境中，竟遭統治當局禁用，卻在海外扎根，並在一九八〇年代解嚴後，成為臺灣本土語言復興的書寫根基。

殖民史的必然：日本人的出版

第二條路徑，是日文。一八九五年臺灣成為日本的殖民地，隔年起日本商人就引進印刷技術在臺北賣起《臺灣新報》、《臺灣日報》，新聞輿論有助政商掌握時局，是一門不錯的生意。一八九八年五月，這兩份報紙就被官方整併，也就是《臺灣日日新報》。

殖民地臺灣有全新的出版市場，官方文書、時事商機、生活指引、休閒閱讀，吸引日本印刷商人爭相布局。一九〇二年已見「臺一活版社」、「臺北活版社」等小型業者，之後還有中大型的服部、小塚、松浦屋、江里口、山科……至少一九一〇年代臺灣已出現扎實的活字印書市場，面對不特定讀者的現代出版事業，也將起步。

日治初期的學者和文人，已在利用活字工坊代印書籍。一九〇四年伊能嘉矩《領臺始末》就是由日日新報社代印的自行出版。

日日新報社是日治時期臺灣第一大的印刷廠，一九一〇年代就已備齊了一流配備：高速輪轉機一臺、輪轉機三臺、平盤十二臺、維多利亞式印刷機一臺、石印機二臺、石版手搖機八臺、自動活字鑄造機三臺、製本用機械二十餘臺。

一九一二年新成立的中華民國，就有官員施景琛來臺考察，報告書《鯤瀛日記》裡寫著，「旋往參觀臺灣日日新聞報社。報分漢文、和文兩種，日出三萬餘紙。印報之法，先將鉛字板製成紙模，再將紙模鑄成圓形鉛板，嵌入機器，周轉極速，……社中機器數十部，兼營印刷業」。

印刷齊備，出版業就不難移植進臺灣。日治時期的日文出版業，主要仍是政府出版品，總督府轄下各課、各州廳舍機構，都會出版各種調查報告、統計全覽、政策書等等；相對地，民間出版社則是逐步浮現，先是日文書店兼營的出版部，如「新高堂」跨足出版的創業產品，就是一九〇五年伊能嘉矩的《領臺十年》和《臺灣巡撫トシテノ劉銘傳》。「杉田書店」也跟著新高堂的腳步，一九一〇年代開始持續出版各種教科書、文選、翻譯書，只是品項稍雜、缺乏企劃方向，大抵仍是為學者代為編印出版的性質。

活版印刷盛行之時，雕版印刷則是日漸萎縮。近百年的松雲軒，因為曾有余清芳委印善書而在西來庵事件遭波及，一九一五年黯然結束營運、轉讓他人，象徵雕版印刷時代的告終。

日治中期，既有的漢文人口加上新式日文教育的成果，已有數量可觀的現代讀者。一九二〇年臺灣人口有三百七十五萬人，漢字識字者估約五％（十八萬人）、日本人約十六萬人，當他們都需要閱讀報刊，已是雕版印刷無能滿足的族群了。

《臺灣日日新報》以及中部的《臺灣新聞》、南部的《臺南新報》，號稱三大報刊，都混用日文和漢文，在時事報導中穿插著翻譯、遊記、文學創作。臺灣文人連橫、巫永福、何春木、魏清德等人，都曾在這些報紙工作。

至於現代出版強調的企劃能力，則要到一九三〇年之後才看得到。在臺日人的文學一哥西川滿，以及他的文友們（如濱田隼雄、池田敏雄等），既擁有創作實力又講究美術裝幀，一九三五年「媽祖書房」、一九三九年「日孝山房」，以及《文藝臺灣》雜誌，都是企劃出版業的先驅。

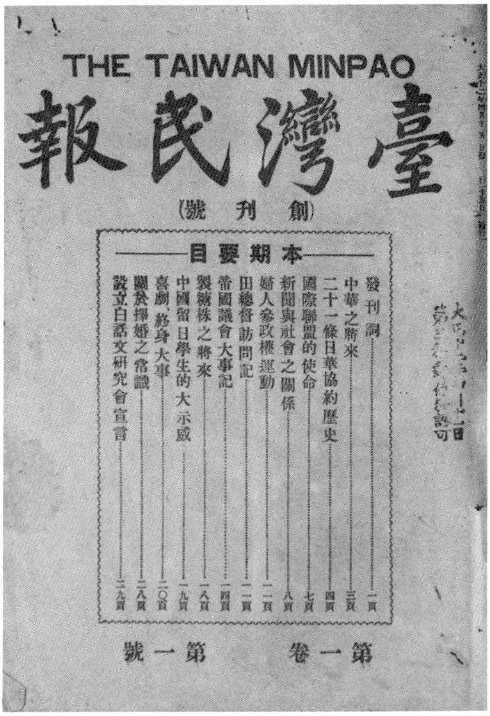
THE TAIWAN MINPAO

臺灣民報

（創刊號）

本期要目

發刊詞	一頁
中華之將來	三頁
二十一條日華協約歷史	四頁
國際聯盟的使命	七頁
新聞與社會之關係	八頁
婦人參政權運動	一一頁
田總督訪問記	一一頁
帝國議會大事記	一四頁
製糖株之將來	一八頁
中國留日學生的大示威	一九頁
喜劇，終身大事	二〇頁
關於擇婚之常識	二八頁
設立白話文研究會宣言	二九頁

第一卷　第一號

1923 年《臺灣民報》創刊號。

在混雜的時代追求與抵抗：臺灣人的出版

第三條路徑，就是臺灣本島人依循《日日新報》培養的讀者基礎，從一九二〇年代起投入的本土出版業。

最具代表性的就是《臺灣民報》系列報刊。《臺灣民報》雖是臺灣認同意識的孕育地，但其實也是混用不同文字、擷取多方思想而生。

最初始自臺灣留學生一九二〇年在日本創辦的《臺灣青年》月刊，寫作是日文漢文夾雜，印刷在東京、配送到臺灣。一九二二年更名為《臺灣》，一九二三年四月再改為《臺灣民報》半月刊。

新文學，在這裡爆發。臺灣文人已高度嚮往明治維新的近代日本、五四運動的新中國，也開始仿作夏目漱石、魯迅的小說。終於在一九二三年《臺灣》，筆名「追風」連載〈彼女は何処へ〉（她將往何處去），成為臺灣第一篇現代小說。故事中的女主角桂花在封建媒妁婚姻破滅之後，自我覺醒決定追求新式教育；小說結尾，她代表臺灣女性豪氣地說：

我們必須為臺灣的婦女點燃起改革的火焰。時機到了，讓我們為被虐待的臺灣婦女，努力讀書吧！

《臺灣民報》藝文欄此後也成為新文學的試爆場，包括賴和〈一桿秤子〉等等。新文學主張言文一致、平民性格、社會寫實，立場迥異於傳統古典文學。《臺灣民報》作者群在一九二四年連環發文炮轟舊文學，罵他們自居封建貴族、守著敗草叢破殿堂、專寫脫離現實的山林文學……當然也引起古典文人的反擊，雙方於是打起臺灣史第一次筆戰——新舊文學論戰。

論戰講求時效，讓《臺灣民報》善用活字印刷的特質，快速而大量地傳播了全新觀念，意外把臺灣認同推進了一大步。

現代報紙的作者並不知道誰是讀者，也就是，作者是寫給「不認識、不特定的讀者群」。想像的讀者，推到極致，就是所有臺灣人了。一九二三年四月十五日，剛由《臺灣》更名為《臺灣民報》的創刊詞，就具體設定了「所有臺灣人」為讀者：

唉！最親愛的三百六十萬父老兄姊！我們處在今日的臺灣社會，欲望平等，要求生

臺灣人唯一之言論機關，臺灣民報總批發處。（圖片來源：圖片版權為蔣渭水文化基金會）

存，實在非趕緊創設民眾的言論機關，以助社會教育，並喚醒民心不可了。

《臺灣民報》後來的發行高峰期，印量是一萬份。所以，「最親愛的三百六十萬父老兄姊」絕對不是實際讀報的人口數。那是誰？就是臺灣三百七十五萬總人口、扣除十五萬日本內地人的數字。因此，《臺灣民報》除了啟蒙人民，更大的貢獻是創造了認同界限明確的「想像的共同體」。

《臺灣民報》是臺灣人現代出版業的前哨，引領了一九二五年楊雲萍的《人人》、一九三〇年代賴和與郭秋生等人的《南音》、臺灣文藝聯盟的《臺灣文藝》等等；而曾經大戰新文學的舊文人，也有臺南南社、春鶯吟社合創的

《三六九小報》，放下貴族性格訴求大眾市場，和嘉義「蘭記圖書部」共同打造了漢文通俗閱讀新天地。另外臺灣共產黨王萬得創辦的《伍人報》，都帶動活字印刷浪潮捲動的報刊流量。無疑地，屬於臺灣人的出版能量，也在這個時期透過報刊而建立。

一九三七年總督府的皇民化運動禁止漢文出版，臺灣也緩步進入了日治的末期，戰爭襲來，雖沒能使用臺灣人的文字，但並未損及臺灣意識的持續開展。

臺灣人書寫日文，和日本皇民化力量抗衡著。一九四〇年代並意外浮現一波企劃出版的高峰。例如，楊逵在盛興出版部主編「臺灣文庫」系列，網羅龍瑛宗的評論集《孤獨な蠹魚》等書，呂赫若在清水書店的個人小說集《清秋》，都是日文出版的臺灣力量。

在不久的戰後，這些文字混用的出版足跡，在臺灣一夕抹去。留給「跨語世代」文人的，是一個宿命般的歷史難題，他們將再次學習另一種脈絡的語文，再次努力擁抱不認識的讀者，再次期待所有的臺灣人相知相惜。

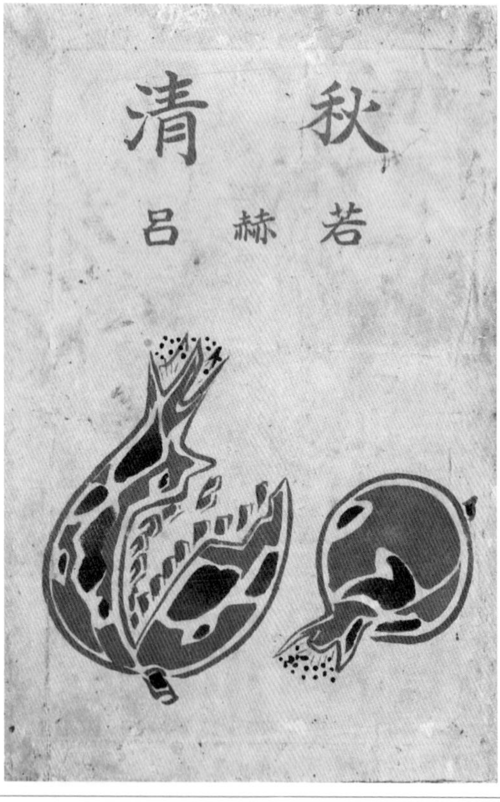

1944 年清水書店「臺灣文學叢書」第二卷：呂赫若《清秋》。

參考資料

李承機，〈殖民地臺灣「輿論戰線」之變遷——〈輿論〉兩義性的矛盾與「臺灣人唯一之言論機關」的困境〉，收入李承機編纂，《六然居存日刊臺灣新民報社說輯錄一九三二—三五》（臺南：國立臺灣歷史博物館，二〇〇九），頁二一一～二一—四七。
柳書琴，〈通俗作為一種位置：《三六九小報》與一九三〇年代的臺灣讀書市場〉，《中外文學》三三（七），二〇〇四年，頁一九—五六。
莊勝全，《《臺灣民報》的生命史：日治時期臺灣媒體的報導、出版與流通》（臺北：國立政治大學台灣史研究所博士論文，二〇一七）。
楊永智，《明清時期台南出版史》（臺北：學生書局，二〇〇七）。
蔡盛琦，〈日治時期臺灣的中文圖書出版業〉，《國家圖書館館刊》九十一年二期，二〇〇二年，頁六五—九二。
藤井省三，《臺灣文學這一百年》（臺北：麥田，二〇〇四）。
蘇碩斌，〈活字印刷與臺灣意識：日治時期臺灣民族主義想像的社會機制〉，《新聞學研究》一〇九期，二〇一一年，頁一—四一。

延伸閱讀

丁希如，《日據時期臺灣嘉義蘭記書局研究》（新北：元華文創，二〇一七）。
林淇瀁，《書寫與拼圖：臺灣文學傳播現象研究》（臺北：麥田，二〇〇一）。
行人文化實驗室，《活字：記憶鉛與火的時代》（臺北：行人，二〇一四）。
班納迪克・安德森（Benedict Anderson）著，吳叡人譯，《想像的共同體：民族主義的起源與散布（新版）》（臺北：時報文化，二〇一〇）。
麥克魯漢著，賴盈滿譯，《古騰堡星系：活版印刷人的造成》（臺北：貓頭鷹，二〇〇八）。
黃俊夫、黃湜雯編著，《文字的旅行：臺灣活版指南》（臺中：文化部文化資產局，二〇一七）。
蘇碩斌、林月先等著，《臺北城中散步：重慶南路街區歷史散步》（臺北：左岸文化，二〇二〇）。
台灣文學工作室，《百年不退流行的台北文青生活案內帖》（臺北：本事文化，二〇一五）。

2

識另一種字，印第一份報
《臺灣府城教會報》

蔡易澄

臺灣現代印刷的第一頁

一八八四年，巴克禮博士（一八四九—一九三五）剛從英國休假回臺。他在臺南新樓北側的一間空屋，整理了以前置放在亭仔腳禮拜堂後面的十一箱零件，那是馬雅各醫生（一八三六—一九二一）為了福爾摩沙的印刷事業，特地從英國寄送過來的。早在四年前，馬雅各就希望臺灣本地能夠自行印製傳教書刊，不必再仰賴廈門教區跨洋提供刊物，從而讓傳教事業真正在臺生根發展。不過，當時臺灣傳教士人力不足，原本想派人去廈門學習印刷技術，但最終還是暫緩印刷的業務。馬雅各所送來的印刷機，就這樣被放在倉庫好一陣子。

印刷機是在一八八一年五月抵臺的。眼見當時沒有人會使用這部機器，巴克禮決定趁他

1884 年在臺正式啟用的 Albion Press 印刷機。（圖片來源：曾怡甄攝自臺灣文學館）

回英國休假的這段時間，利用空閒之餘，來了解印刷機的使用方式。他回到了他的家鄉格拉斯哥（Glasgow），並拜訪了當地的印刷工廠 AIRD & COGHILL，那是一間主打印刷小冊子、精緻插圖目錄的印刷廠。他們在得知了巴克禮的傳教事業後，派出了專業的技工，指導他如何檢字、排版、印刷。

術業皆有其專精之處。傳統的活版印刷，會先依照稿件，從排字架挑選所需的鉛字，再將一個個字母排進版框裡。由於印刷的成品與預做的版為鏡像式的左右顛倒，印刷人員要小心地區分 p 和 q、b 和 d，反直覺地從右到左拼出句子。他們會先在打樣階段試印，確認一切皆無問題，再用鉛模澆鑄機造出最終印刷用的鉛版，最後才正式印刷。

馬雅各醫生寄來的印刷機，是一款被稱作為 Albion Press 的鐵鑄印刷機。它用槓桿、輪軸等原理設計，改良了印刷的加壓過程，使操作人員僅僅只需拉動拉桿，就能將紙張大力按壓在塗好墨的鉛版上。

由於拆組方便、重量較輕，Albion Press 印刷機橫跨了全世界，經常成為大英帝國在海外統治城市的第一臺印刷機。而從外觀上看，也帶有濃厚的維多利亞風格，頭部用繁複的葉紋裝飾，支撐整臺機器的底座則刻成獅腳，中央則有著以獅子與獨角獸構成的英國國徽，彰顯了大英帝國在十九世紀強大的國力。

一八八四年五月二十四日，這臺塵封數年的活字印刷機終於正式啟用。巴克禮數次拉動桿子，讓紙張均勻地壓在鉛版上，最後小心翼翼地將成品取出。上頭用英文寫著：願女王身體常保健康。那一天，是維多利亞女王六十五歲生日誕辰。

這是臺灣第一臺印刷機所印出的第一頁。

用在地的話來傳教

讓我們把時間稍微往前倒轉。

十九世紀向來被視為基督教海外傳教的重要時代。蒸汽動力的發明，讓傳教士可以抵達更遠的地方，向福音未得之民宣教。他們很快注意到古老又神祕的遠東，那裡還布滿了害人的封建迷信。但受限於清朝的鎖國與禁教政策，傳教士們暫時先把目光轉向南洋，一直到鴉片戰爭結束後，清國簽下《南京條約》開放五口通商，傳教士才正式進入中原。

英國雖是戰爭發起國，但英國的傳教士認為英國人不應只帶來戰爭與鴉片，反而該用福音來救贖受苦的清國國民。他們在當地迅速拓展教會，有大量的傳教士積極投入參與。當然，布道之路是艱辛的。中國長年的反教傳統，加上被迫簽下不平等條約的屈辱，使得傳教士經常遭到當地人的仇視。而當他們要解說聖經的教義時，卻又發現多數民眾並不識字，根本無法閱讀聖典。

基督新教所強調的「因信稱義」，是建立在信徒們可自行閱讀聖經，不再需要透過教皇體制的詮釋，就能從聖經中獲得救贖。這使得每當基督教傳播至新的地域時，就會將聖經翻譯成當地的語言，為的是讓信仰真正生根發展。是而，當基督教傳入中國時，傳教士理所當然地也將聖經翻譯成中文，變成了文言文式的聖經。但他們很快發現這麼做是行不通的，一來是普羅大眾不識漢字，二來是文言文過於艱深難懂，根本不符合民眾日常的用語，豈能深入人心？何況又存在有音無字的現象，我手無法寫我口。這時，他們開始尋找新的翻譯方案。

以羅馬字母拼寫當地語言，很快就成了他們的解決辦法，過去歐洲各地也是這麼走過來的。這不僅能幫助傳教士學習當地的語言，也能讓在地民眾學會閱讀與書寫，可說是雙贏的策略。

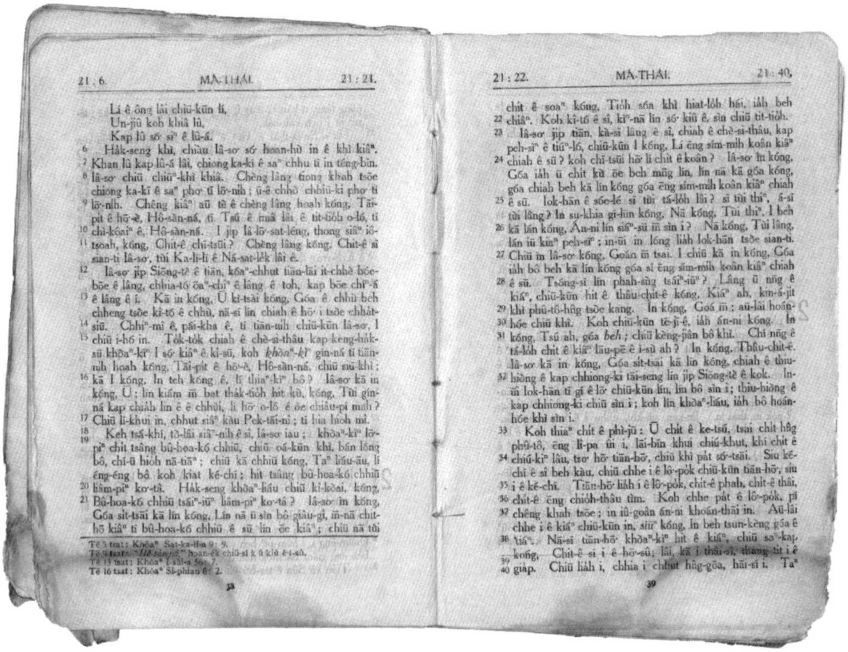

1916 年巴克禮版本的《新約聖經》。
最初計畫是共同協譯，但因缺乏統一性，並不成功，於是巴克禮獨自接下翻譯重任。

當傳教士們抵達剛開港的廈門時，他們很快就意識到，必須為複雜的福建話建立一套羅馬字系統。在不同教會的合作協力下，他們完成了廈門話字典、教科書以及宗教書籍，教導當地人識羅馬字、讀聖經。在《天津條約》之後，臺灣因淡水、安平兩地對外開港，傳教士也踏上了福爾摩沙的傳教之旅。在廈門已經建立傳教事業的英國長老教會，便把目標轉向臺灣。

廈門與臺灣雖相隔一片海峽，但兩地皆為重要的貿易據點，吸引了不少外來移民，在語言上同有混雜漳州、泉州兩地腔調的特色。也因為這樣，來臺的傳教士多先在廈門學習當地語言，並練習用廈門話講道，最後才正式踏上搭船來臺的旅途。而早年臺灣因傳教事業尚未建立起來，在洗禮、傳授神學等事務上都由廈門教區支援，讓臺灣教區能獨立發展，可說是首要之務。

有意思的是，英國長老教會在臺布道不過十幾年，卻有了上千多位信徒，拓展速度遠遠超過廈門的傳教事業。這背後主要的原因，是因為馬雅各傳道之處多為西拉雅族，當地常以家庭為單位集體入教。而傳教士們也發現，過去荷蘭人來臺時，亦曾用羅馬字拼寫西拉雅語，方便他們溝通、傳教，只不過荷蘭人的傳教事業沒有成功，僅留下了羅馬字語言系統。這一來讓長老教會更加確認羅馬字在使用上的可行性，二來也讓他們反思如何不讓福音失傳。巴克禮便認為，這是因為荷蘭人未能在臺灣留下聖經，使信徒失去了信仰的方向。而根據多年後甘為霖（一八四一—一九二一）的調查，荷蘭人並非沒有翻譯聖經，只是當時仍在荷蘭印製，還來不及寄出，傳教事業就跟著殖民政府撤離臺灣。

這似乎正隱喻著，唯有發展在地印刷事業，才能讓傳教落實在地化。

特別是當時臺灣教區拓展速度極快，但傳教士的人手不足，許多信徒因未獲得持續的指引，而無法堅守信仰。有了馬雅各送來的印刷機，他們可以印製上課需要的教科書，培養在地的傳教士。或者印製解釋聖經義理的小冊子，讓信徒自行學習教義。甚至還可以用來翻譯聖經——他們打算從原文直譯成臺灣話聖經，取代文言文轉譯的版本，便將翻譯任務平均分配給駐在臺灣各地的宣教士，一收到譯稿後，就印刷複本寄給其他宣教士改訂，達到共同協作翻譯的目的。印刷的便利性，打破了時空距離的限制，讓各地的傳教事業能更即時地交流，進而促成了臺灣第一份報紙的誕生。

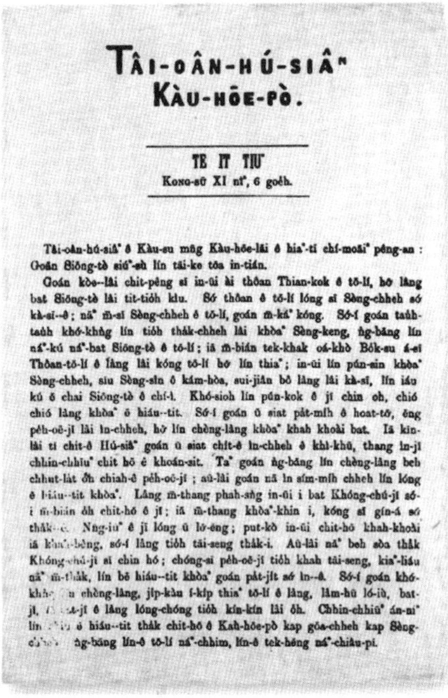

Tâi-oân-hú-siâⁿ Kàu-hōe-pò.

TE IT TIUⁿ

Kong-sū XI nîⁿ, 6 goe̍h.

Tâi-oân-hú-siâⁿ ê Kàu-su mn̄g Kàu-hōe-lāi ê hiaⁿ-tī chí-moāiⁿ pêng-an : Goán Siōng-tè siúⁿ-sù lín tāi-ke tōa in-tián.

Goán kòe--lâi chit-pêng sī in-ūi ài thoân Thian-kok ê tō-lí, hō͘ lâng bat Siōng-tè lâi tit-tio̍h kiù. Só͘ thoân ê tō-lí lóng sī Sèng-chheh só͘ kà-sī--ê ; nā m̄-sī Sèng-chheh ê tō-lí, goán m̄-káⁿ kóng. Só͘-í goán ta̍uh-ta̍uh khó͘-khǹg lín tio̍h thák-chheh lâi khòaⁿ Sèng-keng, ǹg-bāng lín nā-kú nā-bat Siōng-tè ê tō-lí ; iā m̄-bián tek-khak oá-khò Bo̍k-su á-sī Thoân-tō-lí ê lâng lâi kóng tō-lí hō͘ lín thiaⁿ ; in-ūi lín pún-sin khòaⁿ Sèng-chheh, siu Sèng-sîn ê kám-hòa, sui-jiân bô lâng lâi kà-sī, lín iáu kú ê chai Siōng-tè ê chí-ì. Khó-sioh lín pún-kok ê jī chin oh, chió chió lâng khòaⁿ ē hiáu--tit. Só͘-í goán ū siat pa̍t-mih ê hoat-tō͘, ēng pe̍h-ōe-jī lâi ìn-chheh, hō͘ lín chèng-lâng khòaⁿ khah khoài bat. Iā kin-lâi tī chit-ê Hú-siâⁿ goán ū siat chit-ê ìn-chheh ê khì-khū, thang ìn-jī chhiⁿ-chhiūⁿ chit hō ê khoán-sit. Taⁿ goán ǹg-bāng lín chèng-lâng beh chhut-la̍t o̍h chiah-ê pe̍h-ōe-jī ; āu-lâi goán nā ìn sím-mih chheh lín lóng ē hiáu--tit khòaⁿ. Lâng m̄-thang phah-sǹg in-ūi i bat Khóng-chú-jī só͘-í m̄-bián o̍h chit-hō ê jī ; iā m̄-thang khòaⁿ-khin i, kóng sī gín-á só͘ tha̍k--ê. Nn̄g-iūⁿ ê jī lóng ū lō͘-ēng ; put-kò in-ūi chit-hō khah-khoài iā khah-bêng, só͘-í lâng tio̍h tāi-seng tha̍k-i. Āu-lâi nā beh sòa tha̍k Khóng-chú-jī sī chin hó ; chóng-sī pe̍h-ōe-jī tio̍h khah tāi-seng, kiaⁿ-liáu nā m̄-tha̍k, lín bē hiáu--tit khòaⁿ goán pa̍t-ji̍t só͘ ìn--ê. Só͘-í goán khó͘-khǹg [illegible] chèng-lâng, ji̍p-kàu í-kip thiaⁿ tō-lí ê lâng, lâm-hū ló-iù, bat-jī, [illegible]-jī ê lâng lóng-chóng tio̍h kín-kín lâi o̍h. Chhiⁿ-chhiūⁿ án-niⁿ lín [illegible] ē hiáu--tit tha̍k chit-hō ê Kàu-hōe-pò kap gōa-chheh kap Sèng-[illegible] ǹg-bāng lín-ê tō-lí náⁿ-chhim, lín-ê tek-hēng náⁿ-chiâu-pī.

1885 年臺灣第一份報紙《臺灣府城教會報》第一期第一頁。
（圖片來源：原載於《台灣教會公報全覽》，已獲《台灣教會公報》授權轉載）

印出臺灣第一份報

在活字印刷術引入臺灣以前，民間流傳的是雕版印刷術，一字一字地將要印的文稿刻在木板上，再進行翻印。諸如臺南府城的「松雲軒」，即以印製佛經善書聞名。但由於做工繁雜，相當耗時，多半只會選擇被視為經典的書冊進行翻印。然而活字印刷機的出現，改變了原本印刷的龐大成本，讓主要以傳遞新知、新聞的報紙，有了發展的契機。

臺灣第一份報紙《Tâi-oân Hú-Siâⁿ Kàu-Hōe-Pò》（臺灣府城教會報）於一八八五年七月（光緒十一年六月）以月刊形式正式發行，最初是為了讓全臺各地的教會交流彼此的近況。其版面簡潔，由左而右地以羅馬拼音白話字書寫，看上去跟書本很相似，不過只有四頁篇幅。創刊號除了報導教會的消息，另有兩篇專門探討設立中學以及學習白話字的益處，鼓勵大家一同來學習白話字，以便日後能讀懂教會發行的報紙、聖冊，也能學習地理天文等新知。

《臺灣府城教會報》發行初期，便不遺餘力地推動白話字學習。白話字的優點很明顯，只要有字母和聲調就能拼出想說的話。反觀漢字，光是字的形狀就有千百種，要學會必須花費相當多時間。而一個字可能有多重涵義，但自己說的音卻不見得能找到相對應的字。更何況當時尚未展開白話文運動，若要讀寫漢字，都還是生硬難解的文言文。反觀學習白話字，沒有什麼成本，不用到私塾花錢請老師教課，學習速度又快，不管是貧窮者、農工階級或一般婦人，都有機會能夠識字，可說是真正適合普羅大眾的文字方案。

在清朝時代，教會報除了記錄教會內部運營的情況、解釋聖經的義理外，同時也有報導重大的政治要聞，譬如光緒皇帝親政、臺灣建省、甲午戰爭、《馬關條約》內容，使讀者能夠快速掌握到臺灣社會正在面臨的變動。另外，教會報偶爾會配圖講故事，例如在講解做紙的方法、做甘蔗的方法，旁邊就有紙廠、糖廠的插圖，讓解說更加立體。即使不在工廠裡工作，也能約略知道其中的概況。

最有意思的是，教會報偶爾會附上動物的插圖，諸如斑馬（hoe-pan-bé）、海狗（hái-káu）、鴕鳥（tê-tsiáu）等臺灣無法見到的動物。這麼做的用意，無非是希望臺灣信徒在閱讀聖經或西方信徒的信仰寓言時，能對裡面出現的動物有所認識，才能真正進入故事。有時還會配上文字解說，例如在西方為百獸之王、作為英國國徽的獅子（sai），就花上了三頁的篇幅介紹。而漢人文化裡雖也有獅的概念，看看廟宇中的「風獅爺」，其形象倒與真實的獅子相去甚遠。在那個沒有動物園的時代，一生可能都離不開島的臺灣人，從報紙上看見這些珍奇異獸，肯定會驚訝於牠們與想像中的差別。

Pe̍h Eng-bú.

Tī lán Tâi-oân bô chit-hō chiáu. I ê pún-tē sī tī O-tāi-lī-a. Choân seng-khu sī pe̍h, tók-tók thâu-khak ê kòe sī n̂g-n̂g. Nā-sī lâng chia̍p-chia̍p liām hō· i thiaⁿ, i ē gâu kóng-oē chhin-chhiūⁿ chit-pêng ê Ka-lēng.

1890 年 6 月《臺灣府城教會報》內，澳大利亞白鸚鵡的插圖，圖說介紹這種鳥會學人說話，就像臺灣的鵁鴒（八哥）。
（圖片來源：原載於《台灣教會公報全覽》，已獲《台灣教會公報》授權轉載）

綜合來說，《臺灣府城教會報》是宗教性質強烈的報紙，內容多半都環繞在宗教信仰上。它跟晚清著名的《萬國公報》（一八六八—一九〇七）有很大的不同，雖然同樣由傳教士創辦，但《臺灣府城教會報》並不鎖定士大夫等知識分子，鮮有直接評論政治時事的文章，且全以白話字構成。面對處在帝國邊陲的臺灣，傳教士真正在乎的是改善底層人民的生活——醫治那些受苦的病人、鼓勵女性解放纏足、開辦盲人教育學校，讓人們獲得心靈的平靜與自由。

《臺灣府城教會報》後歷經多次易名，現稱為《台灣教會公報》，已有超過百年歷

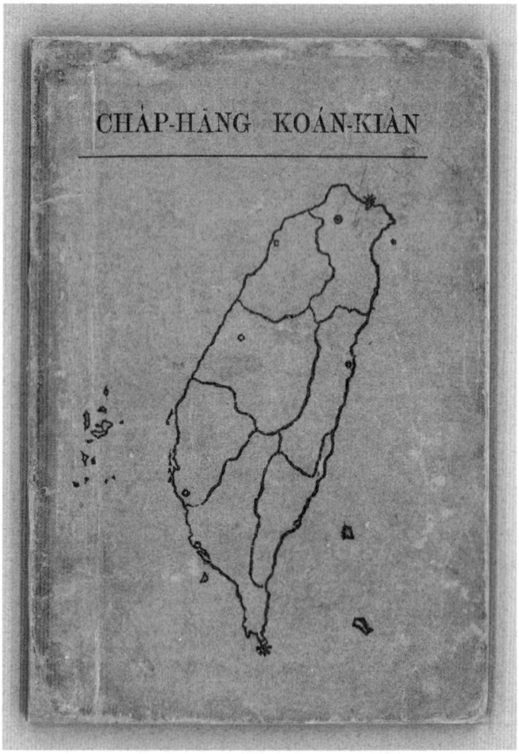

1925 年蔡培火自費出版的《Chap-hāng Koán-kiàn》（十項管見），是以白話字撰寫的社會評論。本書在新樓書房印製販售，教會報亦有新書訊息。

史，堪稱是臺灣最長壽的報紙。這中間曾因太平洋戰爭的關係，被迫停刊；戰後復刊，又因國民政府獨尊國語，在禁止使用白話字的政策下停刊數個月，最後只能以中文復刊。然而，白話字易讀易學的特色，讓它一直是知識分子們尋求臺灣主體的途徑，例如在一九二〇年代參與「臺灣文化協會」的蔡培火（一八八九－一九八三），曾力推白話字作為臺灣人的語言方案。一九六九年底全面改版中文後的《台灣教會公報》，有〈國是聲明〉（一九七一）、〈我們的呼籲〉（一九七五）、〈人權宣言〉（一九七七）三大宣言，與其後臺語文運動者對白話字傳統的復興，同為民主化過程的重要助力，讓臺灣終能自由地說出屬於自己的聲音。

參考資料

井川直衛編，邱信典譯，《巴克禮的心靈世界》（臺北：雅歌，一九九七）。

張妙娟，《開啟心眼：《臺灣府城教會報》與長老教會的基督徒教育》（臺南：人光，二〇〇五）。

陳慕真，《漢字之外：《台灣府城教會報》kap台語白話字文獻中ê文明觀》（臺南：人光，二〇〇七）。

黃俊夫、吳慶泰、李宇妍、李昀璇，〈「基督長老教會 Albion Press 活版印刷機」的產業文化資產價值探討〉，《科技博物》第二十五卷第三期，二〇二一年九月，頁一一五－一五二。

台灣教會公報社編，《台灣教會公報全覽》（臺南：台灣教會公報社，二〇〇四）。

3

大報與小報

一九三〇至四〇年代的不同通俗與相異流行

劉柳書琴

多元文化競逐下的殖民地媒體空間

一九〇〇年代到一九三〇年代，是臺灣的媒體語言從傳統迎向現代，從文言文、半文半白發展到殖民地漢文、日文的階段。它同時也是文學語言從中、日文主流語發展為多元文化語言，乃至混語書寫的嘗試期，形成《臺灣新民報》白話文、臺羅語、臺灣話文、世界語等樣態。在殖民治理下複雜演化的新舊價值過渡與多元文化競逐，形成不同族群身分與文化群體的價值論述。影響所及，除了在新文學雜誌之外，也在日刊報紙（大報）與通俗報刊雜誌（小報）上形成受眾不一的讀寫策略與想像的共同體，以各自的典律、資源、姿態及風格發聲，參與臺灣現代性與文化主體性的建構。

大報：《臺灣新民報》日刊及其長篇通俗小說

從一九二一年起臺灣文化協會成立開始，報刊即備受重視。新舊文學論戰、文協左右傾辯、民族運動的數次大分裂，都掀起對內的文化論爭與對外的反殖文化抗爭，刺激了小型左刊前仆後繼，也促成《臺灣民報》由週刊發展為日刊。

一九三二年四月《臺灣新民報》發行日刊，中文為主、日文為輔。總部設於臺北市，另在中南部、東京、大阪、上海、廈門等地設立十三個分社。第六到八版設置中、日文文藝欄，初期編輯黃周、林攀龍、賴和、陳滿盈、謝星樓等人，仍著意銜接臺灣新文學運動時期之現實批判精神，然而，文學日刊的大眾媒體特性卻不免與副刊編輯的抵抗意圖齟齬。即便社論仍不斷回溯《臺灣青年》以來民族運動媒體的進步史，但該刊實已日益成為臺灣地方自治聯盟等右翼陣營的發聲口。

該報從政論中心轉向報導中心、增加大眾文化比重的市場競爭考量；還有以「臺灣人唯一日刊報紙」穩健發行為優先考量的溫和立場，遭到左翼人士激烈指責，但該報「向右轉進」後增加了發行量與能動性卻也是不爭的事實。

京都帝大素人作家林煇焜倡議：臺灣式的新聞小說

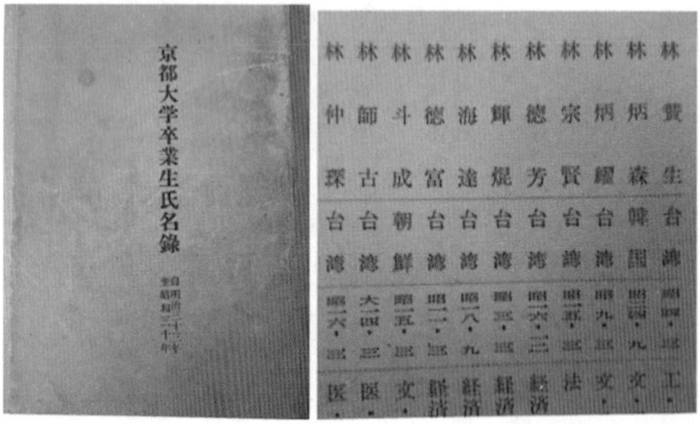

1956 年京都大學出版的《京都大学卒業生氏名録》一書，有林煇焜畢業於經濟系的記載。（圖片來源：柳書琴提供）

《臺灣新民報》文藝欄有意識地引入大眾文學，始於一九三二年七月。這項突破是參考日本大眾小說形式，以臺灣現實為內容，提倡「臺灣式的新聞小說」。日文新聞小說成為文藝欄摩登化的第一個策略，長篇尤受矚目，率先登場的是京都帝國大學經濟學部畢業的留學生素人作家林煇焜。林煇焜受到新民報社政治部長吳三連邀請而撰寫《争へぬ運命》（命運難違），一九三三年四月起連載半年，次年發行單行本，期間不斷祭出「臺灣最早的新聞連載長篇小說」大肆宣傳。作者以返臺留學生的資產階級家庭文化和現代性價值觀落差，融入兩段造化弄人的婚姻悲劇，捕捉在新興都會與封建風俗中混沌前行、充滿過渡性的臺北人生活。

一九三三年五月，日刊發行週年之際，漢文欄也出現了一篇新聞小說。〈美人局〉取材於內臺航線上日本人詐騙臺灣留學生之時事。作者賴慶以白話文撰寫長達五萬字的小說，連載三個月後，又以日文推出另一部批判聘金制度的小說〈女性の悲曲〉（女性的悲曲）（一九三三年八月起連載）。這些趣味而煽情的小說，透露了副刊體質的質變。對此文壇上的評價分歧。該報記者劉捷是這些小說的擁護者，一九三三年他撰文提倡臺灣文學中「未開的處女地──鄉土文學」時，便讚許形形色色的社會小說是「鄉土文學的大收穫」，特別肯定〈命運難違〉和〈女性的悲曲〉是其中雙璧。當時就讀臺北帝大的黃得時則參照西方短篇小說的形式與內涵，批評這些小說都有議題過剩、描寫平淺的通病。

《臺灣新民報》依然提供純文學作品發表，但比起文藝雜誌更能開放接納大眾文學。這種立場除了受到日本內地昭和摩登文化的影響，亦是臺灣人日刊新聞回應官方檢閱制度不得不然的策略。在經歷林理基〈島の子たち〉（島之子們，一九三二）、楊逵〈新聞配達夫〉（送報伕，一九三二）等涉及社會主義思想之作品遭禁刊和刪削的事件之後，副刊已漸次與文藝雜誌訴求的美學及議題分道揚鑣，轉而關注消費文化潮流，回應大眾讀者的需求。結果刺激了它的反對者集結，發行《臺灣文藝》、《臺灣新文學》等，此後新文學雜誌取代新民報文藝欄，成為轉化和銜接新文學運動精神的主要場域。

1936 年臺灣新民報社出版之《可愛的仇人》。
（圖片來源：國立臺灣大學圖書館特藏組）

紅牌主編徐坤泉：漢文大眾小說暢銷熱潮的締造者

一九三四年起《臺灣新民報》聘任徐坤泉為主編，更加強化了以副刊領導大眾文學創作和流行文化傳播的定位。徐坤泉（一九〇七—一九五四），海外閱歷豐富，一九三四年起擔任新民報上海支局海外通訊記者，一九三五年從菲律賓受聘回臺北總社記者，主編學藝欄，直到一九三七年漢文欄廢止之後離臺。任職主編期間，他親自撰寫〈可愛的仇人〉、〈暗礁〉、〈靈肉之道〉等漢文小說長期連載，並在「島都拾零」專欄發表隨筆帶動風氣，形成讀者粉絲效應。一九三六年《可愛的仇人》由臺灣新民報社出版單行本大受歡迎，一九三九年、一九四二年再版，譯為日文，甚至有拍攝電影之計畫，是日治時期臺灣最暢銷的小說。徐坤泉亦被譽為「臺灣的張恨水」，一九三七年十月他短暫返臺，從大報跨足小報，擔任《風月報》編輯，推出新作並培育新人作家，再次掀起漢文通俗小說熱潮。一九三八年末赴海外行商，編務轉由吳漫沙承接，仍風靡一時。

學院派主編黃得時：新銳中篇創作集的破冰行動

一九三七年中日事變爆發以後，臺灣作家在漢文欄廢止及「國民精神總動員體制」、「皇民化政策」影響下，一度低宕沉寂。戰爭期文藝領導權更迭，日人作家與臺北帝大學者崛起，主宰文學結社與文學史論述各方面。打破臺灣作家蟄伏與噤聲局面的，是《臺灣新民報》學藝欄編輯黃得時在一九三九年推出的一個企劃。畢業於臺北帝大文政學部的黃得時，兼具中、日學養，並與在臺日人作家、學者關係良好，透過「新銳中篇創作集」營造破冰行動，凝結臺灣人作家及帝大師生、臺北高校等菁英作者群。該特輯在一九三九年七月至一九四〇年五月間連載二百四十二回，邀請新銳作家與畫家以圖文並陳及頻發預告的方式，刊出五部調性活潑的中篇小說，包括：翁鬧〈港のある町〉（有港口的街市）、王昶雄〈淡水河の漣〉（淡水河的漣漪）；龍瑛宗〈趙夫人の戯画〉（趙夫人的戲畫）、呂赫若〈季節図鑑〉（季節圖鑑）、張文環〈山茶花〉。藉由作者現聲／現身說法和吸引讀者注目的刊前預告，為本島作家的「文學之夜」注入強心針，結束事變後的「空白時代」。

小說特輯一反徐坤泉式的通俗小說走向，儘管不再直面尖銳議題，亦融入迎合讀者新銳的形式技巧，但仍蘊含一定的社會關懷和批判思考，預告了一九四〇年代日語世代作家以多元寫作策略引領風騷的局面。譬如，〈趙夫人的戲畫〉的作者龍瑛宗，以戲謔反諷的筆致進行情節組構，藉由趙夫人的閱讀喜好表達作者對日文通俗讀物不良商品文化的批判。張文環則在〈山茶花〉中刻劃臺灣西部山村青年男女的成長，以此展現他對殖民現代性與封建文化交纏的觀察，為他往後的鄉土書寫勾勒了深刻的社會框架。

17 台灣新聞報 西子灣副刊

府城物語

在無法忙碌的年代

巨龍A

北港錦陞社風光五十年

臺灣河洛語詩之父—林宗源

淡水河的漣漪

1939 年王昶雄發表於《臺灣新民報》的〈淡水河的漣漪〉；
2002 年由黃玉燕翻譯，連載於《台灣新聞報》西子灣副刊。

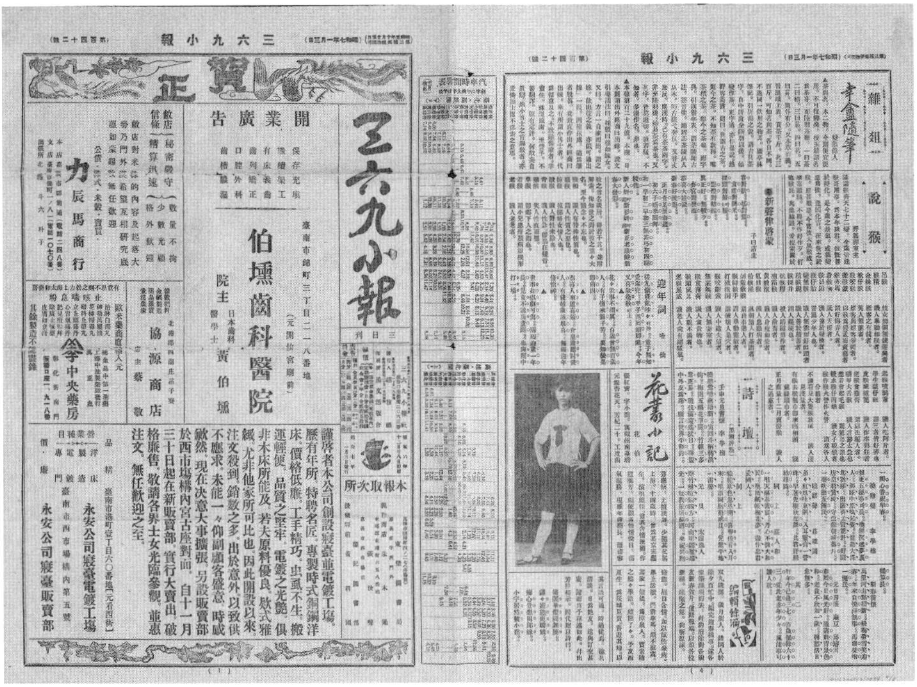

三六九小報
賀正
伯壎齒科醫院
開業廣告
本報取次所
力辰馬商行
協源商店
中央藥房
永安公司寢臺販賣部

1932 年《三六九小報》142 號新年增刊號合刊，發刊日期為昭和 7 年 1 月 3 日。

小報：《三六九小報》作家群與傳統文人的衍生世代

一九三〇年代不只《臺灣新民報》透過大眾文化開拓媒體空間，其他漢文書刊也以不同的通俗化策略爭取讀者。《三六九小報》（一九三〇年九月九日至一九三五年九月六日）、《風月》（一九三五年五月九日至一九三六年二月八日）等，在新文學雜誌之外開拓漢文讀者，掀起了一九三〇、一九四〇年代另一股閱讀風尚。此亦是繼一九〇五到一九一一年以《臺灣日日新報》漢文欄及《漢文臺灣日日新報》等園地之後，臺灣漢文通俗文藝的第二波高峰。

《三六九小報》、《風月》讀者遍

布全臺，借鑑中國的「三日刊」型態，淺近文言夾雜少許白話，言情、休閒文章為主要，亦保留少許漢詩欄位。前者發行於臺南，以府城文人為編撰主體。後者發行於臺北，由大稻埕地區的「風月俱樂部」發行，藝旦小傳、名妓軼事等約占半數篇幅。《風月》一度取代《三六九小報》，成為臺灣最重要的小報，一九三六年因人事糾紛停刊，隔年易名《風月報》復刊，改為半月刊，向白話通俗雜誌轉型。

蘭記書局

《三六九小報》風行的五年間，影響了圖書經銷業者蘭記圖書部的經營。蘭記圖書部設立於一九二二年，戰爭前夕改稱蘭記書局，主要從事中國圖書的進口銷售，次為自印和代售書籍。一九三〇年以後，中國通俗讀物的進口經銷成為該書店獨一無二的特色。大篇幅的書目廣告長期在小報上刊載，圖書經銷走向也在《三六九小報》創刊後越發偏重通俗日用。雙方似有意透過漢文書店與漢文雜誌結盟，在通俗領域營造文化空間，吸引漢文讀者。

《三六九小報》中可以見到漢文文藝生產消費現象的世代演替。一八六〇年代出生者相當於「祖代」，與一八八五年後出生的「父代」，共同構成一九三〇年代漢文雜誌集團的主體。《三六九小報》正是由這兩個世代攜手營造，形成區隔新文學和日語文學的讀寫陣地。《三六九小報》同時具有積極的文化傳承陣地與消極的文化遺民棲地之性格，編輯策略與文章話語均顯示「父代」是文化焦慮深重的一代。祖代作者則幾乎不寫遊戲文章，文字古雅，鑽研典籍。父代，不同於眷戀傳統的祖代，顯現了對於情慾、瑣碎、詼諧、嘲諷、解構等書寫的狂熱；而這種對傳統既推崇又顛覆的矛盾情結，至趙櫪馬等「孫代」身上又蕩然無存。一九一二年出生的趙櫪馬，是少數跨足新文學的作家。他以白話文發表〈一個年少的寡婦〉、〈戀愛的背景〉、〈文廟的一幕〉等小說連載，並撰有〈舊都小夜曲〉、〈寡婦哀歌〉、〈元宵幽情曲〉、〈女車掌的悲曲〉等歌曲，作品風格與稍後登場的《風月報》白話文作家更加相似。

黃茂盛的蘭記書局，曾與蔣渭水的文化書局、連橫的雅堂書局、林獻堂的中央書局，並列臺灣四大書局。（圖片來源：文訊出版社）

小結

小報集團藉由通俗報刊及通俗話語，達成戲仿、表演與正言反說，藉此與殖民現代性區隔；但是，這也反向解構小報追求文化守成的宗旨。小報上的讀寫文化，是傳統文人衍生世代，在其遺民頹廢意識及對殖民現代性的迎拒之下，形成的文化姿態與產物。這種現象透露臺灣漢學傳統在一九三〇年代已從乙未前後到日治初期的維新思維、遺民文學，轉化為以漢文文化主義為資源的反現代思維，並且透過通俗文藝擁有某種程度抵殖民又鬆動傳統的多向動能。然而，這種遺民的頹廢精神所形成的批評立場，並未一直持續下去，到了一九三七年《風月報》創刊以後，將有更傾斜於市場和時局的表現。

大報追求的大眾文化，是日本文化脈絡下的產物；小報的通俗文化，則源自中國古典文學的轉化。單就大報而言，《臺灣新民報》發行日刊至徐坤泉主編而盛極一時的大眾文學取向，亦非線性發展，至黃得時擔任主編之後再次朝向純文藝回歸。而《三六九小報》裡不同世代漢文作者面對通俗文藝的態度，則有視為消閒小道、作為抵殖民話語，或作為新興流行參與創造等各種姿態；到《風月報》時期甚至已脫離小報模式，轉型為現代文藝雜誌。大報與小報在一九三〇至四〇年代有著不同通俗與相異流行，兩者的連結不多，分踞文壇的不同場域，但它們揉雜傳統與現代，進行文體轉化、報刊經營和讀者爭取的目標卻無二致。

參考資料

江昆峰，《《三六九小報》之研究》（臺北：銘傳大學應用中國文學研究所碩士論文，二○○四）。

李承機，〈日本殖民地統治下「臺灣人唯一之言論機關」的「苦鬪」：日刊《臺灣新民報》創始初期史料解題〉，《日刊臺灣新民報創始初期（一九三二・四・十五—五・三一）》（臺南：國立臺灣歷史博物館，二○○八），頁一—三三。

柳書琴，〈《風月報》到底是誰的所有？：書房、漢文讀者階層與女性識字者〉，《東亞現代中文文學國際學報》第三期，臺灣號，「臺灣文學與跨文化流動」，二○○七年四月，頁一三五—一五八。

柳書琴，〈《臺灣新民報》向右轉：賴慶與新民報日刊初期摩登化的文藝欄〉，《臺灣文學研究集刊》第十二期，二○一二年八月，頁一—四○。

柳書琴，〈通俗作為一種位置：《三六九小報》與一九三○年代的臺灣讀書市場〉，《中外文學》第三十三卷第七期，二○○四年十二月，頁一九—五五。

柳書琴，〈傳統文人及其衍生世代：臺灣漢文通俗文藝的發展與延異（一九三○—一九四一）〉，《臺灣史研究》第十四卷第二期，二○○七年六月，頁四一—八八。

柳書琴，〈滿洲內在化與島都書寫：林煇焜《命運難違》的滿洲匿影及其潛話語〉，《臺灣文學研究》第二期，二○一二年六月，頁一三三—一九○。

黃美娥，《重層現代性鏡像：日治時代臺灣傳統文人的文化視域與文學想像》（臺北：麥田，二○○四）。

蔡佩均，《想像大眾讀者：《風月報》、《南方》中的白話小說與大眾文化建構》（新北：花木蘭文化，二○一三）。

4

出版也參戰

四〇年代思想戰下的動員商機與啟蒙事業

林月先

臺灣出版市場以活版印刷技術與近代教育為基礎，於日本殖民時期逐漸形成。但長期以來，這個殖民地出版市場卻溢滿島外圖書，包括日文與漢文出版品皆依賴自日本內地移入或中國進口，可謂「沒有出版業者的出版市場」。部分書局與新聞報社偶爾兼印書籍雜誌，但大多侷限於教育、法律等實用領域，而於三〇年代蓬勃一時的文藝雜誌社也大多短命，難敵傾銷來臺的內地娛樂刊物與物美價廉的日版書。直到四〇年代，一場破壞性的戰爭意外鬆動既有的島外流通網絡，臺灣第一代專業化的商業出版社才在思想戰的陰影下登上歷史舞臺。

「出版新體制」與商業出版社的誕生

一九四一年太平洋戰爭前夕，日本內閣情報部啟動「出版新體制」，透過日本洋紙共販株式會社、日本出版文化協會（日本出版會前身）、日本出版配給株式會社（簡稱日配），從印刷用紙、內容企劃到出版品流通與消費，全面統制出版市場。此套思想戰體制亦延伸至帝國邊陲殖民地。不只日配特別跨海來臺設立臺灣支店，臺灣總督府情報課也以臺灣書籍小賣商組合、臺灣洋紙配給株式會社、臺灣出版會等積極布局。

自殖民初期以來，總督府便藉由警察系統的納本審查機制，箝制殖民地言論自由與社會運動，而情報系統的「出版新體制」又更進一步結合經濟與文化動員，似又更加嚴苛。然而，臺灣出版市場卻在此時迎來變態的空前景氣。

> 我們一向都認為臺灣的出版業撐不下去。然而，就在這個臺灣，卻突然冒出資金十萬圓的出版公司。以「東都」為首，眾多出版社開始生機勃勃起來；尤其是所謂的通俗書店的生意盛極一時。像筆者這樣的通俗小說作者，簡直忙得人仰馬翻。通俗小說店老闆似乎以為只要我們這種通俗小說作者落到他們手中，就能像印刷機一樣印個不停吧。
>
> ——楊逵，〈臺灣出版界雜感〉（一九四三），涂翠花譯（二〇〇一）。

楊逵所描繪的出版盛況並非三〇年代消費社會的延續，而是戰爭局勢下的異常突變。一方面，海運條件隨戰事惡化，漫溢的島外圖書如浪退潮，露出一片求書若渴的新興市場。另一方面，情報系統雖然對出版企劃乃至印刷資材握有生殺大權，但思想戰的終極目標是全體國民的自主投入，因此活躍爭奪讀者大眾的出版市場，其實正符合官方的動員需求。事實上，同一時期的日本內地也迎來生產與消費量激增的「出版バブル」（出版泡沫），殖民地的出版景氣並非全然特例。

於四〇年代在臺灣新創或成功轉型的出版業者，包括資金雄厚的日資出版公司，以及趁勢崛起的中小型臺資出版社。前者如東都書籍株式會社臺北支店、臺灣三省堂、臺灣出版文化株式會社等，他們或跨海來臺設立分店，或與本地日資合資創辦，或在總督府的扶植下成立。後者如清水書店、盛興出版部、臺灣藝術社等，其幕後推手王仁德、王清焜、黃宗葵可謂臺灣第一代具有商業思維的專業出版人。這批新興的出版業者靠著主動開拓市場的企劃能力，而有別於其他兼營出版的發行單位。他們為了爭奪臺灣讀者的目光，在殖民地出版市場掀起三大企劃戰：文庫的教養之戰、純文學的單行本化，以及大眾文學的翻譯熱。

文庫的教養之戰：皇民文庫VS臺灣文庫

對殖民地作家而言，硝煙四起的四〇年代無疑是出書的黃金年代。此前，他們或常在新聞與雜誌平臺發表文章，卻不見得能尋得同人圈外的出書管道。諸如早已登上中央文壇的大作家龍瑛宗、呂赫若等，也都遲至戰爭末期才推出他們的第一本書《孤獨な蠹魚》與《清秋》，而前者便是盛興出版部「臺灣文庫」之一卷，後者則出自清水書店的重磅企劃「臺灣文學叢書」。

盛興出版部的「臺灣文庫」與東都臺北支店的「皇民文庫」應為臺灣出版史上首見的文庫型出版企劃。相對於精裝本，文庫本以普及為目的，價格低廉、開本小巧，並以相同版型大量出版。兩文庫肩負動員讀者大眾的思想戰任務，卻有動員「國民大眾」抑或「殖民地大眾」的微妙差別。

皇民文庫響應特別志願兵與徵兵制的實施，以培養臺灣青少年的「國民精神」與「皇國使命」為目標，端出「偉人傑士篇」、「國史篇」、「國民生活篇」三種精神糧食。偉人篇由臺北帝大國史學教授中村喜代三監修，除了介紹伊藤博文、豐臣秀吉、坂本龍馬等日本史人物，也為臺灣讀者量身打造新「國民」典範，包括具有臺日交流淵源的濱田彌兵衛、鄭成功，以及第三任總督乃木希典。國民生活篇則試圖根除臺灣的「舊有陋習」，主題涉及徽菌、電話、飛機、攝影等各類現代科學知識與技術，作者群包括東都旗下《民俗臺灣》雜誌成員池田敏雄、金關丈夫、國分直一等。當時的圖書首刷量通常介於兩千至五千冊之間，而皇民文庫一卷最多則高達兩萬冊。

有別於皇民文庫與官方動員政策的積極配合，臺灣文庫則特別請到三〇年代文藝大眾化的重要旗手楊逵復出主持，試圖在戰爭陰影下延續臺灣知識分子對殖民地大眾的啟蒙使命。文庫以高額稿費兩百圓（相當於報社編輯兩個月、教師三個月薪水），號召不分臺日「住在本島的文化人」共襄盛舉，斗大標題寫著「提升大眾文化為文化人的文化使命」，徵稿類型包括科學話題、時事解說等報導類，修養、衛生等日常生活類，以及小說、隨筆等文學類。若非日常生活類放入「奉公」的描述，臺灣文庫的徵稿啟事就像剪自某一本三〇年代的文藝雜誌，充滿對知識與文藝的普及熱情。

在臺灣文庫的出版預告中，分屬《臺灣文學》陣營的張文環、吳新榮、陳逢源、《文藝臺灣》陣營的龍瑛宗、新垣宏一、長崎浩等都紛紛響應，預計出版小說、隨筆、評論或詩集，而《民俗臺灣》的插畫擔當立石鐵臣也打算推出隨筆集，主編池田敏雄則預計與楊逵共編《臺灣風土誌》。三〇年代雜誌上的文藝大眾化實踐往往缺乏扎實的經濟基礎而曇花一現或紙上談兵，但這一回，在四〇年代專業出版人的奧援下，知識分子的啟蒙事業似乎才正要展開。

純文學的單行本生意：皇民叢書 vs 臺灣文學叢書

不同陣營的作家既能齊聚於臺灣文庫之下，也能在另一端的純文學戰場上打得火熱。

清水書店從蔣渭川經營的日光堂手中搶下《臺灣文學》的發行權後，不只讓這本文藝雜誌浮現轉虧為盈之勢，更積極策劃「臺灣文學叢書」，將雜誌文章單行本化，面向更多同人圈外讀者。叢書以坂口䙥子《鄭一家》作為首發，並預告第二卷為張文環《藝旦の家》，而老闆王仁德又親自南下拜訪吳新榮，爭取〈亡妻記〉的加入。〈亡妻記〉尚在《臺灣文學》連載時便引發文學圈外廣泛迴響，從地方仕紳、傷患軍人到產婆，甚至傳來各地女性邊讀邊流淚的奇聞。而或嗅到純文學的市場潛力，臺灣藝術社的黃宗葵、中央書局的張星建都曾登門提議出版，但最後清水書店則憑其公司化的組織規模與叢書企劃，獲得吳新榮的託付。不過直到終戰，張文環與吳新榮的出書夢未盡，而是由呂赫若的《清秋》插隊叢書第二卷，成為日治時期臺灣作家第一本日語小說集。

在清水書店以《臺灣文學》為基礎主打「臺灣文學叢書」之際，臺灣出版文化株式會社也聯手《文藝臺灣》推出另一套「皇民叢書」，將文學圈的美學之爭，提升到整個出版市場的大眾之爭。

皇民叢書第一卷為高山凡石的小說集《道》，前有皇民奉公會宣傳部長大澤貞吉作序，後有《文藝臺灣》主編西川滿以「皇民文學塾同人」的身分作跋，而臺灣出版文化株式會社社長西川純正是西川滿的父親。高山凡石本名陳火泉，原只是一名總督府專賣局的臨時雇員，直到他的自傳性小說〈道〉被推崇為「皇民文學的先驅」，才一舉登上《文藝臺灣》中年出道，旋即空降出版市場。臺灣出版文化株式會社與皇民文學塾合作的另一套企劃「文藝叢書」，包括西川滿主編的《生死の海》與濱田隼雄主編的《荻》，亦是從尚未成名的素人作家下手，並宣稱「這不是裝模作樣、打高空的文學」，「雖然不稱為大眾文學，卻能毫無拘束地輕鬆閱讀」。若清水書店是趁著戰時景氣，將長期以來限於雜誌的「臺灣文學」大眾化，臺灣出版文化株式會社則是遵循官方的思想戰目標，將「皇民文學」大眾化。

1944 至 45 年臺灣出版文化株式會社出版的《決戰臺灣小說集》，是總督府情報課派遣作家到各地描繪備戰風景的結集，分乾、坤兩卷，各印一萬冊。

本島人的大眾文學：中國古典小說翻譯熱

文藝叢書《生死の海》與《荻》試圖靠近的「大眾文學」，便是出版市場上另一個火熱的企劃戰場。相較於純文學，大眾文學泛指寫給一般消費大眾的通俗文類，常見類型包括偵探、言情、歷史小說等。早在三〇年代，臺灣的新聞、雜誌等大眾媒體便常以連載小說吸引讀者，不過多數作品並未單行本化投入消費市場，大體上還是部分知識人與同人圈內的消遣娛樂，或可謂「沒有大眾的大眾文學」。不過在四〇年代的企劃戰中，大眾文學尤其是以中國歷史為背景的古典小說，卻一躍成為出版市場的新寵兒，並在臺資出版業者的競相投入下觸及讀書慾高漲的本島人（臺灣人）大眾。

清水書店以專出高品質的文學書知名，但其實是以《臺灣新民報》（後改名《興南新聞》）上連載的〈水滸傳〉起家。王仁德在連載尚未完結之前，便率先取得作者黃得時的同意，以一年一卷的頻率同步發行單行本。該書與賽珍珠《大地》、林語堂《北京好日》、庄司總一《陳夫人》等其他島外書並列為當時的暢銷書，甚至透過日配系統紅回日本內地，遠及朝鮮、滿洲。而與此同時，臺灣藝術社則高調宣布，「讓《國語新聞》八十萬讀者陷入狂熱、如實造成洛陽紙貴的劉氏密之評判小說《西遊記》」，將在其獨占下單行本化。《國語新聞》為最大日資報社《臺灣日日新報》旗下品牌，後改名《皇民新聞》，而這位「劉密」其實是

1942 至 43 年西川滿《西遊記》由臺灣藝術社出版，原訂上、下兩卷與《國語新聞》連載同步，但因連載進度延宕，最終分成上、元、燈、大、會，共五卷。

1941 年黃得時《水滸傳》始由清水書店出版，與《臺灣新民報》連載同步，第一卷截至 1943 年底連載完結時至少三刷。

西川滿的筆名。在商業出版社的專業考量裡，作品的市場潛力才是爭奪讀者大眾的關鍵，作者的臺、日人身分與陣營反而相對次要。

臺灣藝術社有鑑於《西遊記》大獲好評，感受到「本島大眾越趨高漲的讀書慾」而趁勢追擊，直接繞過新聞連載、撞題推出劉頑椿版的《水滸傳》。不過清水書店亦有搶到內地作家中島孤島編譯的《改訂西遊記》，與臺灣藝術社的《西遊記》互別苗頭。此外，盛興出版部也推出一套五卷的《三國志物語》，由楊逵執筆，對上在《臺灣日日新報》、朝鮮《京城日報》、內地《中外商業新報》等三地同步火熱連載的吉川英治版〈三國志〉。而自黃得時、西川滿、楊逵之後，另一位大作家呂赫若也對大眾文學之戰躍躍欲試，與清水書店約定出版《紅樓夢》。

就官方立場而言，這類中國古典小說既能滲透本島人大眾的娛樂日常，亦有助於認識「支那」、建設大東亞，因此需要積極指導而無須特別壓抑。不過一如文庫的教養之戰，大眾文學之爭亦有爭奪「國民大眾」與「殖民地大眾」的差別。例如西川滿是為了向本島人普及「國語」（日語）而重寫《西遊記》，而黃得時、楊逵對於《水滸傳》、《三國志》的高度推崇，則可追溯自二、三〇年代的文藝大眾化方法論。

終戰後的爆炸與煙灰

一九四五年八月，大日本帝國戰敗，臺灣一夕之間歸入中華民國，但島上第一代出版業者卻也在轟炸過後迅速復甦，嗅到一股似曾相似的出版景氣。

東都臺北支店隨即改名「東寧書局」，推出《初級華語會話》、《國旗と黨旗》、《中國の歷史》等「臺灣新書」，掌握新「國民」商機，並以林熊生（金關丈夫的筆名）的偵探小說系列《龍山寺の曹老人》跨足大眾文學。而臺灣藝術社也將旗下雜誌改以「藝華」之名續號發行，並推出大眾文學的新品種、臺灣第一本科幻小說《長生不老》。盛興出版部則以「昌明誌社」迎向新時代，創辦戰後第一本文藝雜誌《新風》，徵稿啟事寫道：「這個是我們的論壇，若含有建設新臺灣的正論，含有貢獻祖國之論說者，諸位先生不要客氣，跳上來

1947 年中、日文對照的《阿Q正傳》，是東華書局「中國文藝叢書」第一輯，由楊逵根據日本左翼友人入田春彥的藏書《大魯迅全集》翻譯而成。

1945 年 11 月《新風》創刊號由昌明誌社出版，有吳漫沙〈慶祝光復首要推進新生活運動〉、龍瑛宗的日文小說〈青天白日旗〉等文章。

說一說吧！」

對畢生追求解放的臺灣知識人而言，終於擺脫思想戰陰影的本土出版業可謂啟蒙實踐的最佳舞臺。在盛興出版部主編臺灣文庫的楊逵繼續以「東華書局」為陣地，策劃中、日文對照的「中國文藝叢書」，引介魯迅、茅盾、郁達夫等著作，以及自己於三〇年代被禁刊的《送報伕》。而以中央書局為基地的文協人也在終戰之後積極走動，與來臺的中國左翼文化人合作發行《新知識》、《文化交流》等等。

然而，出版的自由之花極綻瞬滅。臺灣省行政長官公署以「日人遺毒」之名陸續取締、焚毀、禁賣日文書，重創本土出版業者，而二二八事件鎮壓後的寒蟬效應更蔓延侵蝕這座島上的言論空間，並在一九四九年正式進入長夜漫漫的戒嚴寒冬。臺灣第一代商業出版社誕生於帝國的戰火之中，並開啟熱血激昂的企劃年代，但最終則在祖國的怒火下灰飛煙滅，閃耀一瞬。

參考資料

林月先，《殖民地臺灣出版業的誕生：思想戰與「國民／島民公共領域」的結構轉型》（臺北：國立臺灣大學臺灣文學研究所碩士論文，二〇二〇）。

楊逵著，涂翠花譯，〈臺灣出版界雜感——談通俗小說〉，彭小妍編，《楊逵全集十：詩文卷（下）》（臺北：國立文化資產保存研究中心籌備處，二〇〇一），頁一〇五—一〇九。

延伸閱讀

下村作次郎著，張政傑譯，〈外地大眾文學的可能性——從臺灣文學的視點出發〉，吳佩珍編，《中心到邊陲的重軌與分軌：日本帝國與臺灣文學・文化研究（中）》（臺北：國立臺灣大學出版中心，二〇一二），頁一八一—二二一。

何義麟，〈戰後初期臺灣之雜誌創刊熱潮〉，《全國新書資訊月刊》第一〇五期，二〇〇七年，頁一八一—二二一。
河原功，《『台湾芸術』とその時代》（東京都：村里社，二〇一七）。
河原功著，張文薰譯，〈書店經營與戰爭時期台灣出版統合——以嘉義蘭記書局相關資料為中心〉，《被擺布的台灣文學：審查與抵抗的系譜》（新北：聯經，二〇一七），頁三四三—三六五。
河原功著，莫素微譯，〈三省堂與台灣——戰前台灣日本書籍流通〉，《台灣新文學運動的展開：與日本文學的接點》（臺北：全華，二〇〇四），頁二三一—二七七。
柳書琴，〈「總力戰」與地方文化：地方文化論述、台灣文化甦生及台北帝大文政學部教授們〉，《台灣社會研究季刊》第七十九期，二〇一〇年，頁九一—一五八。
陳培豐，〈植民地大眾的爭奪——〈送報伕〉‧《國王》‧《水滸傳》〉，《台灣文學研究學報》第九期，二〇〇九年，頁二四九—二九〇。
蔡文斌，《中國古典小說在臺的日譯風潮（一九三九—一九四四）》（新竹：國立清華大學台灣文學研究所碩士論文，二〇一一）。
蔡盛琦，〈戰後初期臺灣的出版業（一九四五—一九四九）〉，《國史館學術集刊》第九期，二〇〇六年，頁一四五—一八一。

column

特寫

愛書人西川滿的一天

張文薰

一九四〇年　春寒之時

一大早，松浦屋就來電通知，《幻塵集》的內文部分的印刷工作終於完成了。真是巧！這部矢野峰人教授的詩集，從開始著手到現在剛好滿四個月。接下來就可以正式著手裝幀，我本來想用京都的揉紙來做封裡頁，一直沒找到適合的，不得已就用航空訂購出雲薄青雁皮紙，偏偏飛機又不知道何時抵達，真叫人掛心。封裝與插畫還好都是由立石鐵臣負責，上次我不過稍微提到標題頁的風格似乎太偏古典，還有全書應該用小鹿的意象來統整，這些事都只要一個眼神就能確認他也有同感。後來我們就在標題頁用上更華麗的色彩，以不負他那精巧絕倫的刻工。折疊外盒的部分，我們在正面烙上「幻」、背面烙上「麈」字。據說「麈」的本義是鹿走過揚起砂土……啊啊——那不知在仰望什麼的小鹿，沙塵漫旋，枝頭鳥兒安靜無聲。我特地設計從鹿的身上透出淡淡的「幻」字模樣，全書用上了出雲薄青雁皮、土佐仙花、越前手漉大奉書、油煙染出雲褚等種種和紙，由鍵山久次郎大師刷印，內文四色版、插畫部分上色甚至多達六層，只做七十五本，發行同時絕版。真的好希望這部書能成為愛書同好秉燭殘燈、春宵花月的良伴。

我從立志製書以來二十七年，創設私家書房迄今七年。回想起來，直到遇見「臺灣愛書會」的學者夥伴，我的創作與裝幀才能從個人的興趣，轉變進入這藝術的化境。哎——世路多歧、浮生若夢，還好矢野峰人博士不斷地鼓勵加上引導我，當他說想在這本書上出現樹木圖樣，我不惜化為鬼怪、也要督促立石君做到最好，這部《幻

塵集》必然會是我終生片刻不離的聖經。

還有島田謹二老師，雖然他給我第一印象是冷冰冰的，不過可能是因為我去找他的那天，真的冷到不像臺北。經過幾次「臺灣愛書會」的聚會，我那對於藝術的一腔熱愛跟他有共鳴，熟稔了以後，他盛讚我發行的《媽祖》的裝幀以及內容，說我是「在臺灣的風物中發現嶄新詩境，擁有絕佳作詩技巧」的作家，我從小憑著感覺行事的創作，原來可以是一種「繪畫美」的結晶。島田老師從我的《媽祖祭》看到好多優點，別人是「將音樂化為色彩」，

1940 年日孝山房版矢野峰人《幻塵集》，分為定本（編號 1-50）、墳墓本（編號 51-75）。圖為墳墓本。（圖片來源：私人收藏，邱函妮拍攝提供）

我根本將聲音、色彩都化為文字，在平面紙頁上揮灑出一個由白色與原色色塊組合而成的「視覺性優先」飽和世界。我那結合漢文珍奇用語、臺灣土話的日文，島田老師說是「日本詩壇的新聲」！雖然他好像也有提到，我的詩缺乏象徵性與餘韻，缺乏思想性、概念性的要素，但我想，只要往他建議的散文詩方向去創作，應該也不是什麼大問題。而且他不但也喜歡《媽祖祭》的裝幀，還稱讚我在《楚楚公主》的插畫很棒，那可是彩色的呢！

加入「臺灣愛書會」之後，臺北帝大、臺灣圖書館學者們關於藏書、文獻版本的學識讓我眼界大開。我在其中擔任《愛書》的體裁、組版等裝本技術層面的工作，也自信這應該都是目前臺灣所能呈現的最佳品質。個人的心願是期待著可以撤除所有的限制、製作出更為高踏、更為典雅的書物雜誌。

怎麼感傷了起來？大概是昨天北原正吉、邱炳南、龍瑛宗、池田敏雄他們來，我一邊跟池田敏雄作《七娘媽生》的打樣，一邊處理《文藝臺灣》第二號的事情，還得幫他們做這個做那個，直到清晨四點才散會。

離開松浦屋後，我趕到陳禮樂印刷所，將負責《七娘媽生》製作的他們，跟長久合作的松浦屋不同，之前是從來沒有處理過私房版的工作。所以我親自到場嚴正聲明：即使只有錯一個字，我可是會全部換下重刷。明明當場工人都是一絲不苟的認真表情，後來還是發現開頭出現錯字，而且標題頁的刷色很糟糕，結果我要求內文十六頁、標題頁五百張，全部重來。工人一聽臉都僵了，結果池田敏雄為了安撫他們，還請大家去喝酒喝到全身酒氣，做好一本書是這樣的勞心又勞肝啊。《七娘媽生》的製作，包含重刷的部分在內，共用上了京都手漉紙、教科書用紙、石州半紙等等，最後還為了包裝的蠟紙不易入手而到處奔走。

這一切都是值得的。從仙台、

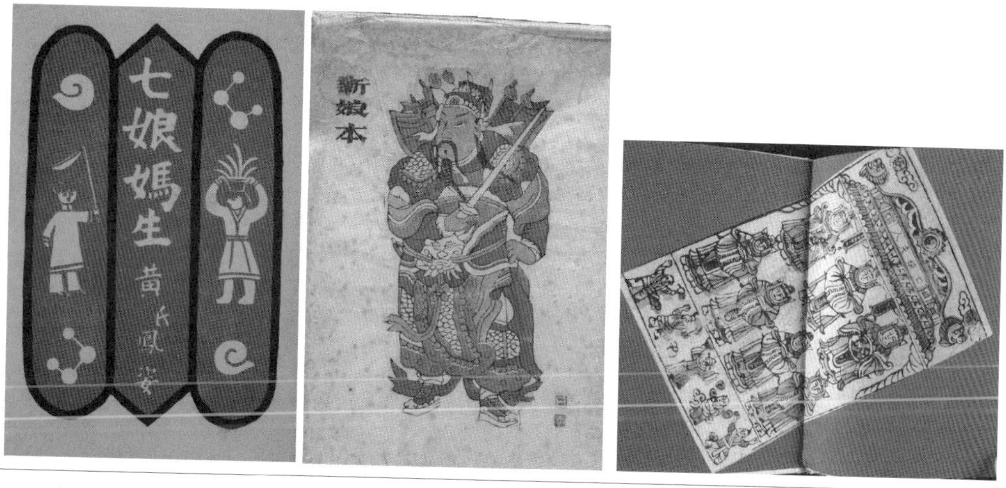

1940 年日孝山房版黃鳳姿《七娘媽生》。分為桃花本 500 部（普及版）、新娘本 75 部（限定版），圖為新娘本。（圖片來源：私人收藏，邱函妮拍攝提供）

神戶、東京、弘前陸續傳來對於《幻塵集》的讚賞：幽玄、厚重、絕美奪魂、書盒內頁渾然天成……沒有錢、也沒有時間的我，只希望能在材料受限的條件下，以一己的知識能力為資本，為全日本同樣缺乏資源的愛書人製作美書。哎——我這樣的夢想，希望不會落得一場空。

二月十二日，星期一，三十三歲誕辰。對於長年蒙受照顧的親友，我一一送出書信與包裹。我會繼續在書物之道上邁進，以不負「我國唯一的私家版，東洋第一的特殊版」的美名。

1946

字的
遍地生根

1978

5

國共逆勢下落島生根、風聲鶴唳中無辜牽連

上海出版社來臺之後

楊佳嫻

二〇一四年，一條出版界消息引發許多愛書人唏噓。屹立臺北市「書街」重慶南路與漢口街交會處六十餘年的臺灣商務印書館，將正式遷出四層高的「雲五大樓」，原址預備挪為旅館用途。「雲五大樓」取名自臺灣商務印書館前董事長王雲五，原為三層木造房屋，一九六八年改建為四層鋼筋混凝土建築。這棟建築雖然不高，卻一直被視為臺北「書街」的象徵，好幾個世代愛書人記憶中不可或缺的圖景。

除了臺灣商務印書館，另有北京商務、香港商務，源頭都是出自一八九七年在上海創立的商務印書館（The Commercial Press），國共局勢使然，兩岸三地的商務印書館目前是各自獨立經營，互不相屬。一九四七年，福州分館副經理葉有棵來臺先設置「現批處」，同年又指派趙叔誠擔任臺灣分館經理，並選定館址，一九四八年一月十五日正式開幕。國府遷

臺後，一九五〇年在臺分局正式定名「臺灣商務印書館」，獨立運作。

兩岸的分裂與變化，對於當時全中國最蓬勃的上海出版業影響極大，在時代浪尖上必須轉型、獨立的，不只商務印書館。

上海重要出版社遷臺

二十世紀前半葉，由於位居沿海、擁有富庶江南地區作為後盾，加上開埠與租界帶來的相對自由和外來刺激，上海是全中國文化活動最興盛、出版商業規模最大的城市，且孕育了中國近現代最重要的幾家出版社，也成為一九〇五年科舉廢除以後，文人們新興的謀生與寄身之處。這些出版社與文學圈、教育事業、傳播媒體等息息相關，對教育革新、外語學習、白話普及、現代文學的發展、民族共同體的打造、現代性工程的推進，起了莫大作用。其中，成立最早、影響最廣的，即為商務印書館，全盛時期其出版量竟達全中國的百分之四十八。

較晚成立、亦占有舉足輕重地位的中華書局、世界書局、開明書店，並稱民國四大出版社，其實也都與商務印書館關係密切。商務原出版部主任陸費逵和幾位員工於一九一二年成立了中華書局，原中華書局副經理沈知方於一九一七年成立了世界書局。至一九二六年，原任商務印書館《婦女雜誌》主編的章錫琛離職後，成立了開明書店。

二戰終了，日本結束其殖民版圖，臺灣進入「中華民國」版圖，上海的大出版社紛紛來臺擴展業務。「光復」之後，國族語言從日語變成「國語」，教育用書需求孔急，這些出版社來臺也與教科書事業有關。中華書局一九四五年在臺成立特約所，一九四九年正式遷臺，世界書局一九四九年遷臺，開明書店一九四六年來臺設立分店。還有創設於一九三二年的上海春明書局、世界書局沈知方之子沈志明於一九三六年創設的上海啟明書局，也遷到了臺灣。尚有發源自南京、由國民黨大老陳立夫創立的正中書局，一九四九年隨國府遷臺。在上海本有商號，來臺開設分號，之後通常是根據行政院頒布的「淪陷區工商企業總機構在臺灣原設分支機構管理辦法」來申辦轉為獨立商號。

不過，在國府遷臺之前，上海的重要出版社販運圖書來臺販售，未必真能深入到臺灣讀者生活中，與當時的通貨膨脹、匯率不理想、書業尚未形成規範有關。根據研究，兩岸法幣與臺幣的匯率上未必合理且對臺幣較為不利，加上書籍售價可以任意提高，致使大陸圖書在臺售價昂貴，加上一九四六年以降，臺灣物價飛漲，米荒嚴重，失業率上升，社會大環境轉為惡劣，均影響到臺灣人對於大陸圖書的消費。

舊書重出彌補空白

遠流出版社創辦人王榮文曾指出，一九五〇年代出版品的圖書產銷，重要組成之一即「商務、正中、開明、啟明等大陸知名出版社遷臺，以大陸時代編印的書，供應臺灣社會的

1961年臺灣商務印書館發行《注音國字》（原名：注音漢字）。

1960年世界書局印行《世界實用辭典》。

需要」，當時的廣告管道不多，「在《中央日報》做新書預約廣告（商務、正中、中華）就是最積極的出版家了」。水牛出版社負責人彭誠晃也回憶，一九六六年創業時，真正在戰後成立的出版社不多，大多仍是大陸過來的老字號。

這些原本以上海及其周邊地區為基地的出版社，遷臺並獨力經營後，先以舊書重出為主要經營策略。當局以語言為統治之筏，為盡快普及國語，於一九四六年十月二十五日宣告報章雜誌與中小學禁用日語；一九四七年六月二十五日省政府電告，全日文書刊中只要涉及宣揚日本、詆毀祖國，即禁止出版。但是，什麼樣的敘述叫做宣揚或詆毀，存在著一定程度的模糊空間，政府認定有問題就可以干預，自然限縮了臺灣人在公共層面上的日語閱讀與使用。於是，習用日語的本地寫作者難獲出版機會，而外省來臺族群的創作也還在萌芽試探之中，既然還無法開發新的作者群，則對這些老出版社來說，順應在臺灣的國族認同重整機會，重版不忤觸當局的舊出版品、或修訂後重新出版，就成為相對省事、安全的選擇，甚至還可能使得出版市場上一度看起來頗為活絡，「營造了一番『自由中國文藝復興運動』之氣象」。

以商務印書館為例，在臺初期經營，所售圖書均由上海運抵，一九四九年五月，上海本館即停止對臺發貨。臺灣分館獨立經營後，存貨不足，遂挑選適合當前需求的若干出版物在臺印發，如「新小學文庫」、「新中學文庫」、字典以及國學相關書籍等。前面提到的如春明書局、啟明書局，來臺後也翻印自家在上海的出版物。還有一種情況，是一九四九年以前的中國大陸譯本，尤其是譯者並未在二戰後來臺的，譯作可能會被安上各式各樣的譯者名字，便於躲避查禁、翻印銷售；這並不侷限於具有承續關係的出版社（如上海啟明和臺灣啟明），在兩岸隔絕、白色恐怖以及版權法規尚未完善之下，對早年出版品的擅印擅改，也成為臺灣出版史的特色（怪狀）之一。

白色恐怖外一章

新世紀以來，臺灣出版了幾部著作，描述白色恐怖下的書業。早一點如李志銘《半世紀舊書回味》內有專文提及，近年著力較深的，則是長期從事圖書出版與發行業務的廖為民先生寫了好幾本，包括《臺灣禁書的故事》、《美麗島後的禁書》、《解嚴之前的禁書》、《國民黨禁書始末》。當然，還有賴慈芸教授《翻譯偵探事務所》致力挖掘那些因為政治因素而被張冠李戴、奪胎換骨的翻譯書們，以及特殊年代下命運起伏的譯者們。

白色恐怖影響臺灣戰後出版風貌，那些上海來臺的出版社同樣籠罩在緊繃的氣氛裡，出書必須極為小心。這裡就必須來談談兩個案例。一是臺灣春明書局老闆陳冠英無辜受到牽累，竟導致死刑與沒收家產；二是臺灣啟明書局沈志明則是一時不察，因書獲罪，幸好最後無罪開釋。而這兩家書局的臺灣地址也都在「書街」重慶南路一段上。

春明書局陳冠英一九四九年八月赴臺發展，前腳剛走，上海春明由員工接手，緊接著就在一九四九年九月出版了胡濟濤、陶萍天主編的《新名詞辭典》，解釋「解放」後的新名詞，或替過去的舊名詞添加新的解釋，並附有漫畫與圖表。這部辭典切合現實需要，銷售甚佳，至一九五四年共發行了六版，且每一版都有所修訂，緊貼著時代與政治的脈動。

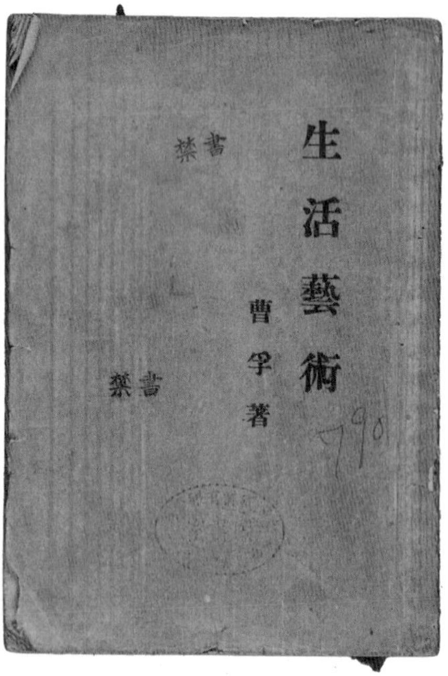

上海開明書店 1947 年出版之曹孚《生活藝術》，書封上蓋有「禁書」印記。

1976 年正中書局印行《國父孫中山先生傳》。

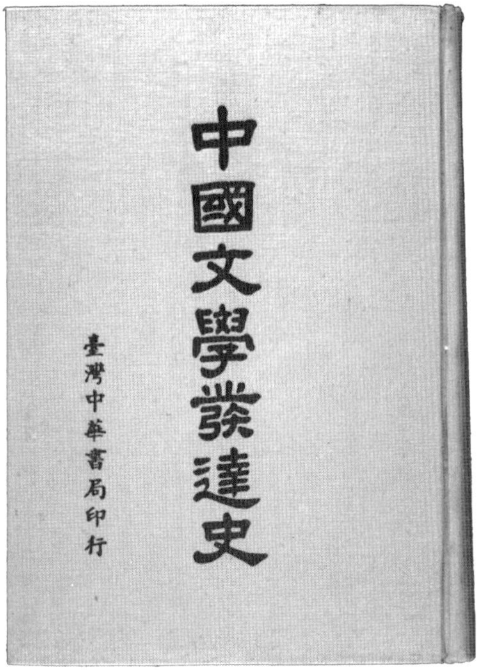

臺灣中華書局印行的《中國文學發達史》，作者不詳，實為當年禁書劉大杰《中國文學發展史》的變身。

據舊書拍賣網站上所見該辭典版權頁，其中一九五〇年六月發行的二版甚至印行了十四次。賴慈芸認為《新名詞辭典》在修訂過程中逐漸變成了「中共的發聲筒」，例如胡適在一九四九年的版本還只是「新文學運動的最初發動者」，到了國府已經遷臺後的一九五〇年版本被添加「偽自由主義的無恥文人」。一九五一年，此書遭到檢舉，說陳冠英蓄意編印、為匪宣傳，其實他早已離滬，這跟他無關。當時人剛好跑到香港去的陳冠英自信清白，願返臺解釋，結果遭到逮捕；今所見軍法審判檔案中記載這是一宗叛亂案，認定其犯行已達「意圖以非法之方法顛覆而著手執行」的程度，求處死刑並沒收財產，死時才三十五歲。

而啟明書局來臺後翻印上海啟明書籍，數目頗多，戒嚴後氣氛緊張，本來還署名譯者名字，最後乾脆都以「啟明編譯所」代替。一九五八年，臺灣啟明翻印一九三二年陸侃如、馮沅君夫婦合著的《中國文學史簡編》，書中第二十講主題為「文學與革命」，提及左翼作家聯盟與無產階級文學運動相關團體與刊物，指出其聲勢「震撼了全國」且招「當局之忌」。所謂「當局」即國民黨，來臺後也仍然是「當局」，且文中還對於這些受壓制的運動表達「無限的樂觀」，認為還是具有「前途」可以瞻望的。三〇年代的說法在五〇年代來看，很難說沒有「預測未來變化」的暗示，且字裡行間顯示出對於被壓制者的同情。隔年二月底，沈志明夫婦因「歌頌共產文學」、觸犯叛亂罪而被逮捕。沈志明夫婦在譯者署名一事頗為小心，因此，應該不是故意釋放反抗「當局」的訊息，而確實是百密一疏。後經過沈志明女婿黃克孫（時任麻省理工教授）多方串聯營救，允許交保，至六月判無罪，也不敢在臺灣待下去了，移居美國。

餘聲

雖然發生了幾件出版界的白色恐怖，並未因此讓臺灣的出版社不敢翻印早年大陸圖書。上有政策，下有對策，改譯者名字、修潤或雜拼譯文，總之，出版品的檢查似乎不具研究精神，沒有仔細到這個地步。昔日聽詩人瘂弦演講，他總開玩笑說，戒嚴時期的審查人員不大靈光，連〈深淵〉中「他們是握緊格言的人」、「工作、散步、向壞人致敬，微笑和不朽」的影射都看不出來。

上海在民國時期的四大出版社，商務、中華、世界、開明，國共分治後也在兩岸擁有不同的發展。在臺灣，政治氣氛緊張，國府是逃亡的敗者，極力要鞏固在臺灣的統治，相對於新中國的大破大立，更要強調此岸注重傳統、延續文化，四大出版社在傳統學術、國學讀本方面的出版品是為主流。在新中國，商務印書館先併入新華書店並改名，遷至北京，後又恢復獨立運作；中華書局收歸國有，遷至北京，古籍整理是其重要業務；世界書局官股部分被沒收，一九五〇年宣告結束；開明書店與另一家出版社合併改組為中國青年出版社，亦遷至北京。

參考資料

張靜廬編，《中國現代出版史料乙編》（北京：中華書局，一九七五）。

王乾任，〈淺談戰後臺灣書店演變史：一九四九—二〇一八〉，《臺灣出版與閱讀》第七期，二〇一九年九月，頁三四—三八。

蔡盛琦，〈戰後初期臺灣的出版業（一九四五—一九四九）〉，《國史館學術集刊》第九期，二〇〇六年九月，頁一四五—一八一。

吳聰敏，〈臺灣戰後的惡性物價膨脹（一九四五—一九五〇）〉，《國史館學術集刊》第十期，二〇〇六年十二月，頁一二九—一五九。

王榮文，〈從四條行銷通路探看台灣出版事業〉，為一九九〇年九月一日在北京市「國際俱樂部」報告稿。http://ceo.ylib.com/job0031.htm（最後瀏覽日期二〇二二年八月二十日）

陳慧卿，〈出版界的阿甘——專訪水牛出版社負責人彭誠晃〉，《全國新書資訊月刊》二〇〇五年二月號，頁二四—二六。

黃英哲，《「去日本化」「再中國化」：戰後台灣文化重建（一九四五—一九四七）》（臺北：麥田，二〇〇七）。
邱炯友，〈臺灣出版簡史——與世界互動但被遺落之一片版圖〉，《文訊》第一八一期，一九九五年八月，頁一六—一九。
吳栢青，〈舊學商量加邃密，新知培養轉深沉：商務印書館與臺灣商務印書館〉，封德屏主編，《台灣人文出版社30家》（臺北：文訊雜誌社，二〇〇八），頁一七九—一九八。
賴慈芸，〈沾血的譯本——春明書局與啟明書局〉，《翻譯偵探事務所》（臺北：蔚藍文化，二〇一七），頁四七—五五。

6

文壇封鎖中

戰後臺灣報刊與文學生產

張俐璇

一九四七年初，龍瑛宗在《新新》雜誌上發表〈臺北的表情〉，他說臺北的表情變了，回國的日僑收回了日本的表情，臺北換上了祖國的表情。那時，龍瑛宗剛回到臺北，這之前的十個月，在臺南擔任《中華日報》日文版副刊主編。

《中華日報》和《台灣新生報》一樣，都是戰後接收《臺灣新報》資產成立的報紙。日本總督府在一九四四年，將島上六家報社，合併為一家《臺灣新報》，原先分屬不同報社的作家們，忽然成為同事。龍瑛宗原先工作的《臺灣日日新報》，就有魏清德、楊熾昌、吳濁流；合併後有《興南新聞》（原《臺灣新民報》）的黃得時、葉榮鐘；新報社成立後，再有王白淵、呂赫若加入。一九四五年終戰那一天，《臺灣新報》的日籍幹部自動將報社交接給原屬《興南新聞》的臺籍同事們。

吳濁流形容當時「由於能夠盡情自由地寫新聞的關係，心情就像小鳥飛出鳥籠一般」，他許下願望「從今以後，一定要建設成比日據時代還要美好的臺灣」。

龍瑛宗〈臺北的表情〉發表於 1947 年 1 月《新新》新年號。

曇花一現的左翼文藝

許多知識分子抱持著相似的期待，紛紛投入辦報紙辦刊物，戰後第一份民營報紙《民報》在雙十節創刊，定位為日治時期《臺灣民報》的承繼。同年「光復節」，臺灣省行政長官公署接收《臺灣新報》資產，在臺北創刊《台灣新生報》；一九四六年，中國國民黨要求報業資產重新分配，另在臺南創刊《中華日報》，形成分屬省營與黨營的兩大報。龍瑛宗南下，主編日文版文藝欄期間，刊載葉石濤、王育德、吳瀛濤等的創作，也以日文譯介左拉、老舍、郭沫若，試圖打開「知性之窗」；同時期的海風副刊，則有外省作家雷石榆的〈萍逢寶島談心曲〉。

一九四六年創刊的還有左翼人士主持的《人民導報》，有記者呂赫若，也有從四川來臺，主編南虹副刊的版畫家黃榮燦。「南虹」是南天之虹，帶有在海峽兩岸之間搭起橋梁的美好願景，曾刊載郭沫若〈向人民大眾學習〉等文章。二二八事件後，曾經對時局大鳴大放的報業都受到「大清洗」，《民報》與《人民導報》同被查封，結束經營。

官營的《台灣新生報》也在一九四七年的二二八事件中受到重創，但仍努力維持省籍內外的認識與交流。陸續有《台灣新生報》出版的《臺灣年鑑》由王白淵執筆文化篇、王詩琅在文藝週刊發表〈臺灣新文學運動史〉，特別是歌雷主編的橋副刊，匯聚省籍內外文化工作者的討論，和楊逵在臺中主編的《力行報》新文藝副刊，是「如何建設臺灣新文學」運動的兩大舞臺。

戰鬥、綜藝與文藝

一九四九年十月，中華人民共和國建國，新生副刊登載巴人〈袖手旁觀論〉，警告文藝界應在國共鬥爭中袖手旁觀，引發譁然。《台灣新生報》因此撤換主編，並召開「讀者作者聯誼座談會」回應，確認以「戰鬥性第一，趣味性第二」為編輯原則，並且促成「副刊編者聯誼會」和「中國文藝協會」在一九五〇年先後成立。

國民黨營《中央日報》中央副刊顯然更堅守「戰鬥第一」的原則，一九五一年便有讀者投書反映「中副成了軍中壁報，單調而狹窄」。一九五二年，《青年戰士報》創刊，可以視為是針對「軍民」讀者的分流。依據白色恐怖受難者胡子丹的訪談紀錄，《中央日報》和《青年戰士報》是在綠島期間唯二可以閱讀的報紙。《青年戰士報》在一般性副刊外，還有中國青年反共救國團、康樂總隊、新中國出版社等單位輪值主編青年、康樂、時代思潮等週刊，《青年戰士報》副刊因為同時結合戰鬥性與趣味性，而顯得更加「活潑」，例如一九五二年有一則笑話：

一個當漢奸的被執行了死刑以後，下了第十八層地獄，他時常拍案跺腳，深悔生前的錯誤。一天，他又再發恨的時候，忽聽腳底下有人喊著說：「上面的先生，請輕一點，不要妨礙底下別人呀！」這個漢奸很覺詫異，不知什麼時候，地獄又添了一層，就問他說：「你是什麼人？」下面回答說：「我是共產黨的黨員呀！」（鮑家驄，〈十九層〉）

同時期的副刊多如此「綜藝」，即便是在後來以異議著稱的《自立晚報》，在當時的新公園副刊亦有〈笑不笑由你〉和〈戀愛第一課：假如有一個男子走近妳〉（一九五五），聯合副刊也有〈曾國藩納妾考〉（一九五二）等文章，令人覺得當是反攻無望。

一九五三年林海音接編前的聯副，正是這樣「綜藝性濃，文藝性淡」。為了提高文藝性濃度，林海音多方邀稿，對象包含在《中央日報》婦女與家庭週刊發表文章的謝冰瑩、張秀亞、琦君等女作家，以及「婦家」主編武月卿，也向當時在國立編譯館擔任編審的何欣邀約歐美譯稿，另向臺師大美術系講師施翠峰邀約日本方面的譯作。為了兼顧趣味性，聯副保留「漫畫選粹」，並向國劇大師邀稿民俗掌故等。易言之，林海音將聯副從綜藝轉向文藝的

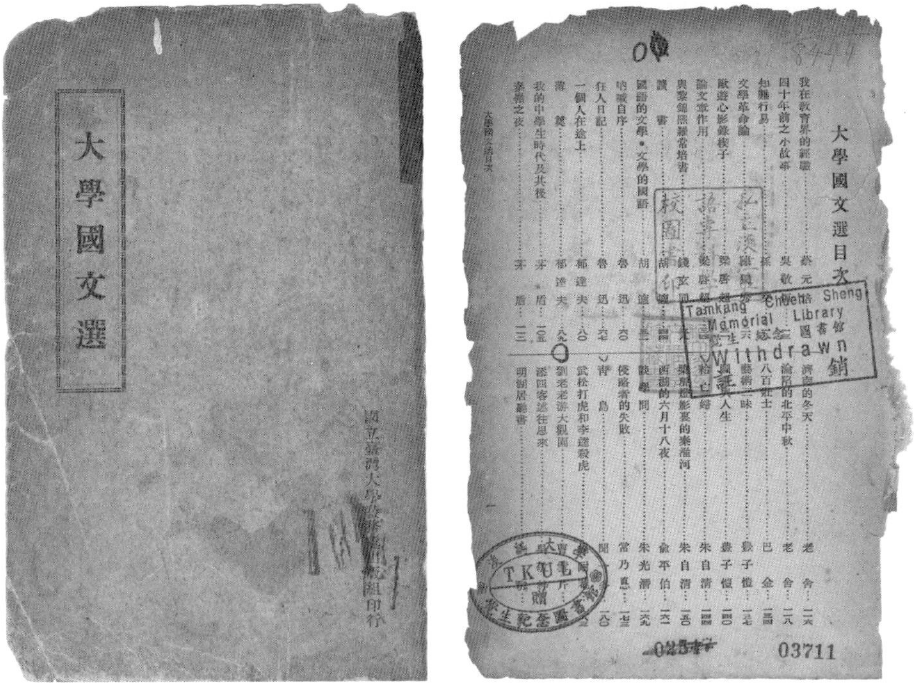

1947 年臺大教務處出版組印行的《大學國文選》，在 1949 年後因為收錄的老舍、朱光潛等作家「陷匪」，被列為禁書。（圖片來源：國立臺灣大學校史館）

同時，兼顧了性別、省籍的作家，以及雅俗、古今的作品。

此外，其實也包含了國策。林海音主編時期的聯副，與耿修業（如茵）、薛心鎔主編期間的中央副刊，對於「共產中國」的「文藝」現況報導甚詳。一九五六年，當毛澤東提出藝術工作百花齊放、學術工作百家爭鳴的雙百發展方針後，聯副有文〈共匪「百家爭鳴」聲中　朱光潛、馮友蘭均遭清算〉，指出「從這些事實來看，不僅揭穿了中共所謂『容許不同思想存在』的鬼話，而且也暴露了他們仍是『一家獨鳴』的老作風」。中副也有文〈老舍和朱光潛〉，藉由這些名列《查禁圖書目錄》的「陷匪」作家遭遇，證明我國之「自由」。

文學、國語和寫作

林海音主編聯副期間（一九五三—一九六三），同時也兼任《文星》雜誌編輯、主編《國語日報》週末週刊，並在《文學雜誌》發表小說。《文學雜誌》由臺大外文系老師夏濟安創辦，與雷震主辦、聶華苓主編的《自由中國》文藝欄，都企圖藉由「文學」來平衡報刊的「戰鬥」性格。

一九五四年起，《聯合報》副刊版面，先後再切出藝文天地、萬象副刊，原有的聯合副刊，因此益發更具文學性。一九五七年至一九六〇年間，林海音將每週日的聯副，整版闢為「星期小說」週刊，每次一篇萬字左右的小說，這其中包括有司馬中原〈鳥羽〉、朱西甯〈偶〉、隱地〈榜上〉以及鍾理和〈貧賤夫妻〉等小說。

以大篇幅小說更新副刊版面與風格的做法，也出現在孫如陵主編的《中央日報》中央副刊。一九六一年，因應即將改版的中副，孫如陵特去請教余光中，因為余光中的介紹，收到朱西甯的中篇小說來稿〈狼〉。同年，朱西甯還有〈鐵漿〉發表於《現代文學》雜誌，皆是他從反共轉向中國鄉土與現代主義的代表作。

一九六二年聯副也有書寫臺灣鄉土和現代主義之作，黃春明〈「城仔」落車〉和七等生〈失業、撲克、炸魷魚〉是時常被提及的兩篇，一則是因為這兩篇都是本省作家的處女作，二則是因為語言，黃春明的「城仔」和「落車」是臺語的「城內」與「下車」之意；而七等

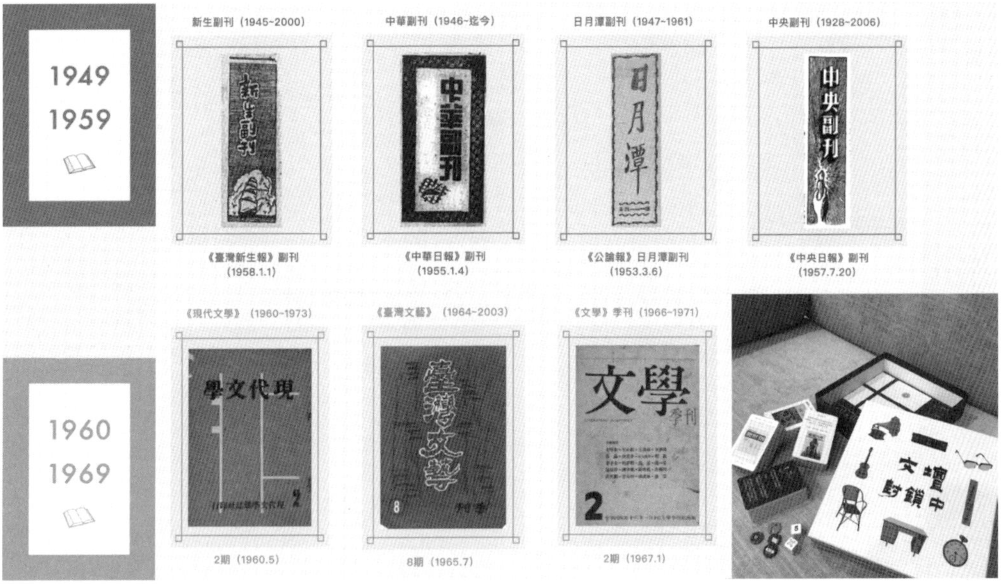

桌遊《文壇封鎖中》，卡牌依序呈現1950年代新生副刊、中華副刊、日月潭副刊、中央副刊；1960年代《現代文學》、《臺灣文藝》、《文學》季刊。

生則是開篇就有相當特立獨行的語句：

> 已經退役半年的透西晚上八句鐘來我的屋宇時我和音樂家正靠在燈盞下的小方桌玩撲克。

三十八個字一句，沒有標點符號。在國語運動推行的年代，以白話字發行的《台灣教會公報》，早在一九五五年就已增設中文的瀛光副刊；聯合副刊出現以方言為題，與不符合標準國語語法的文章，實屬不易。

戰後報刊對於國語運動的推廣，最直接顯著的，當是使用全文注音編印的《國語日報》。我們今天對《國語日報》等於「兒童報」和「國語教育」的印象，其實是一九五五年報社改組之後形塑的。和許多戰後初期的報刊一樣，《國語日報》在一九四八年創刊之初，也致力於省籍內外讀者的交流，希望讓所有國民

「看得懂」、「用得到」，一週七天有七種副刊，其中包含以國語為主的「語文甲刊」，和以方言為主的「語文乙刊」。也因此，《國語日報》曾經出現林良以羅馬拼音寫作的臺語文章，甚至與中國廣播公司合作，由王壽康與林良分用國臺語讀報。《國語日報》另有隨報附贈的「古今文選」週刊。有注音詳解的《古今文選》，每二十期輯為一冊合訂本，是國內中小學以及海外華文教育的愛用教材。

戰後龍瑛宗家中訂閱的便是《台灣新生報》和《國語日報》，楊逵女兒楊素絹（一九四〇—）也是兩報的讀者。一九六五年前後，楊素絹嘗試寫作，因為覺得新生副刊「文字比較淺顯」，因此同時投稿兩報，但皆遭退稿。不過，新生副刊的退稿另附主編來信，在修改建議之外，依據楊素絹的投稿內容，詢問她是否為楊逵的女兒。

> 副刊的編者深知在白色恐怖的戒嚴裡，採用外來投稿者的作品，必須小心謹慎，否則會惹了麻煩，甚至因此繫獄。七〇年代初我在《新生報》副刊發表了兩、三篇本土色彩濃烈的小說，編者樂意刊出。我忘了這可敬的主編姓名，但心中很佩服這主編的評估文學作品價值的眼光。可惜，他後來被捕，被誣為匪諜而不知所終。（葉石濤，〈我的副刊經驗〉）

楊素絹和葉石濤提到的主編，是童常，本名童尚經（一九一七—一九七二）。楊素絹修訂後發表有〈野菜宴〉、〈牆塌下來那晚〉；葉石濤則有〈騙徒〉與〈晴天和陰天〉兩篇小說。

童常在主編新生副刊期間（一九五八－一九七一），曾刊載鍾肇政小說〈蕃薯少年〉、〈阿樣麻〉（一九五九），並多以稿費支持白色恐怖政治受難者，最有名的案例是主動郵寄日文版《世界民間故事》到監獄，向因海軍臺獨案被判刑十年的許昭榮邀約譯稿，發表於新生兒童週刊。六〇年代後期，泰源監獄受刑人因此流行寫作投稿至新生副刊，這其間，包含有柯旗化的小說〈一曲難忘〉（一九六七）和〈北九州的來信〉（一九六八）。

技藝與記憶的競合

戰後伴隨國語運動的推行，有許多關於寫作技藝的討論。一九五一年，中國文藝協會成立「小說研究班」，第一期學員有廖清秀、蕭鐵；第二期則有王鼎鈞、蔡文甫等作家。影響所及是，一九五二年蕭鐵主編《公論報》日月潭副刊時，多刊載廖清秀的文章，當時會特別標注「本省籍青年作家」，以資彰顯國語運動的推行成果。一九七一年，蔡文甫主編《中華日報》中華副刊，有王鼎鈞撰寫「人生金丹」專欄，文章其後結集為《開放的人生》（一九七五），由爾雅出版社出版；一九七八年，蔡文甫獨資創辦九歌出版社，則以王鼎鈞《碎琉璃》為第一本書。

技藝的演練，也攸關記憶的生產。報紙副刊之間的寫作，也因此存在著微妙的協力與角力關係。一九四七年二二八事件後，李萬居離開《台灣新生報》，另創《公論報》。《公論報》特別強調「地方性」與「民間性」，至一九六一年停刊為止，先後有高達二十二個副刊。早在一九四九年就有啟事「本省讀者不必過分害怕對祖國文字運用不純熟，只要內容充實，文字沒有關係」。以其中最長壽的日月潭副刊為例，一九五二年譯載有林亨泰詩作〈晚禱〉，一九六〇年，張深切自傳《里程碑》在《自立晚報》副刊的連載，因故停刊，一九六一年，畢璞主編的日月潭副刊接手發表。一九六五年《公論報》曾短暫復刊，由穆中南主編公論副刊，期間相應於同年出版的十冊《本省籍作家作品選集》，有鍾肇政發表多篇本省籍作家作品評論。

與《台灣新生報》和《公論報》關係相仿的，還有《中央日報》與《大華晚報》。

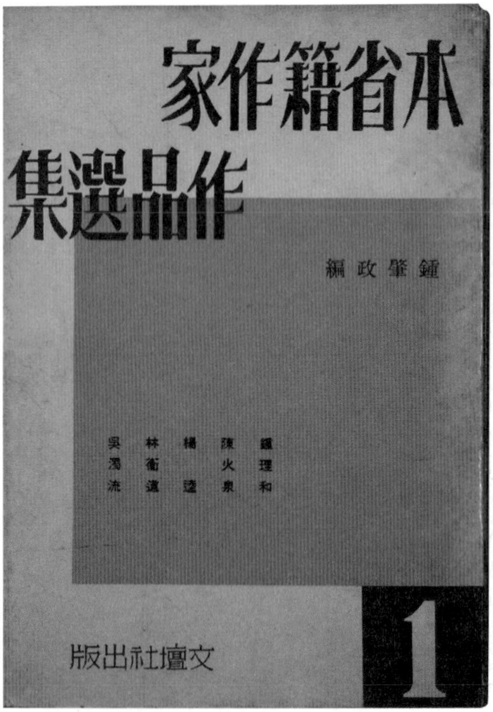

1965 年文壇社出版《本省籍作家作品選集》10 冊，第一冊收錄有鍾理和、陳火泉、楊逵、林衡道、吳濁流五位作家小說，鍾肇政主編。

一九五〇年，耿修業與部分《中央日報》同仁，有感於「黨報」無法暢言，因此另創《大華晚報》。

《大華晚報》與稍早成立的《自立晚報》以及稍後的《民族晚報》，合稱戒嚴時期三大晚報。因為時差關係，晚報在國際新聞上特別受到矚目，而副刊則往往是睡前讀物，例如《大華晚報》淡水河副刊曾經連載華嚴言情小說處女作《智慧的燈》、繁露《向日葵》（一九六一）等長篇小說。此外，當日報偏重現代（主義）文學之際，三大晚報則保有古典詩專欄長達三十年。一九五四年，《大華晚報》淡水河副刊率先設有「瀛海同聲」專欄，《自立晚報》自立副刊先後有「海濱詩輯」與「自立詩壇」專欄，《民族晚報》副刊亦有「南雅」專欄，提供戰後臺灣古典詩發表園地。《台灣新生報》副刊反而是在一九七六年為「為響應總統　蔣公復興中華文化運動」，開始古典詩專欄「傳統詩壇」。

一九七〇、八〇年代是《聯合報》與《中國時報》競逐發行量突破百萬的高峰，遠景、遠流出版社，聯經、時報文化出版公司與「五小」相繼成立。戒嚴時期報紙三大張六版面，其中一版就是副刊。在社會版多屬「一言堂」的年代，副刊往往成為發行量的決勝點。因為報業立場，梅新主編曾玩笑道「中央副刊便是一塊訃聞版」，相形之下，作為威權年代的侍從報業，兩大報更顯得有大刀闊斧的資本與「自由」。

這期間，高信疆被譽為「紙上風雲第一人」，《中國時報》人間副刊在他與執行編輯駱紳、畫家林崇漢的策劃下，版型與議題皆有新貌。副刊由靜態的文學寫作，來到動態的文化探討，邀稿對象不再限於作家，而有夏志清、鄭樹森等學者撰寫「海外專欄」，「現實的邊緣」專欄則開啟「報導文學」風潮，成為人間副刊的特色。一九七六年聯合報小說獎設立，獨厚小說文類；一九七八年時報文學獎則同時設有小說與報導文學獎。

兩大報文學獎成立的中間，一九七七年發生鄉土文學論戰，聯合副刊一連四日刊出彭歌〈不談人性・何有文學〉和余光中〈狼來了〉兩篇文章，論戰氛圍由此轉向政治肅殺。同年底，瘂弦自《幼獅文藝》轉任聯合副刊，開啟「副刊王」（瘂弦本名王慶麟）與「副刊高」（高信疆）分庭抗禮的黃金年代。「兩大報文學獎的設立」對八〇年代以降的文學批評與文學創作影響深遠，在二〇〇四年被評選為「臺灣新文學發展重大事件」之一。

鄉土文學論戰後，遠景出版社籌劃「光復前台灣文學全集」的出版，陸續在杜文靖主編的《自立晚報》副刊、鍾肇政主編的《民眾日報》副刊先行刊登譯稿，聯副則多次舉辦「光復前臺灣文學」座談會，並開闢「寶刀集」專欄，向「光復前臺灣作家」邀稿。

已經自合作金庫退休的龍瑛宗，因此再有「杜南遠系列」的小說創作〈夜流〉與〈斷雲〉，自行中譯後，分別刊載於自立副刊與民眾副刊；另有第一篇中文小說〈杜甫在長安〉發表於聯合副刊。龍瑛宗的小說至此同時有日本殖民地的表情，以及文化中國的表情。

時至一九八八年元旦，報禁解除，「淪陷地區」出版品「登臺」，臺灣報紙副刊的表情，再次變臉更新。

1979 年遠景出版社出版「光復前台灣文學全集」8 冊，鍾肇政、葉石濤主編。

參考資料

林海音，〈流水十年間：主編聯副雜憶〉，聯副三十年文學大系編輯委員會編，《風雲三十年：聯副三十年文學大系 24 史料卷》（臺北：聯合報社，一九八二），頁八九－一一七。

封德屏，〈花圃的園丁？還是媒體的英雄？——臺灣報紙副刊主編分析〉，瘂弦、陳義芝主編，《世界中文報紙副刊學綜論》（臺北：行政院文化建設委員會出版，一九九七），頁一一七－一三五。

林淇瀁，〈「副」刊大業——臺灣報紙副刊的文學傳播模式〉，《書寫與拼圖：臺灣文學傳播現象研究》（臺北：麥田，二〇〇一），頁七七－九四。

林哲璋，《「國語日報」的歷史書寫》（臺東：國立臺東大學兒童文學研究所碩士論文，二〇〇六）。

楊素絹，〈童先生、野菜宴及其他〉，《聯合報》聯合副刊，二〇一〇年一月三十一日，D3 版。

周芬伶，《龍瑛宗傳》（新北：印刻，二〇一五）。
林黛嫚，〈追思專版〉，《推浪的人：編輯與作家們共同締造的藝文副刊金色年代》（臺北：沐蘭文化，二〇一六），頁七九—八四。
王正方，《調笑如昔一少年》（新北：印刻，二〇二二）。
陳明成，〈祕境與棄兒：初步踏查《公論報》藝文副刊〉，《台灣文學研究》第七期，二〇一四年十二月，頁六五—一二五。
姚蔓嬪，《戰後臺灣古典詩發展考述》（臺北：國立臺灣師範大學國文系博士論文，二〇一三）。

7

開拓「現代」的版圖

戰後臺灣人文書籍出版與美國角色

王梅香

戰後臺灣人文書籍出版，受到各種國內外力量影響，並且有追求西方現代思潮的趨勢。在此過程中，臺北美國新聞處（一九四六—一九七八）、美國亞洲學會（The Association for Asian Studies, AAS，一九四一迄今）、自由亞洲協會（Committee of Free Asia, CFA，一九五一—一九五四）以及由CFA更名後的亞洲基金會（The Asia Foundation, TAF，一九五四迄今）扮演推波助瀾角色，包括出版、贈書和協商版權等。例如在贈書方面，亞洲基金會有「亞洲贈書計畫」，從一九五四至二〇〇三年間，轉介美國機構或個人，將受贈的書籍、雜誌和CD等轉贈給亞洲國家，其中書籍就超過三千六百萬冊。在臺灣曾經發生這樣的插曲，亞洲基金會因為捐贈一本關於馬克思的書籍給臺東師範專科學校，而受到警備總部的關切，但事實上，這本是美國學者批判馬克思的書籍。在風聲鶴唳的年代，臺灣人文出版就這樣搖擺著開展出現代的道路。

引介西方人文思潮的文星書店

一九五二年，中央社創辦人蕭同茲的兒子蕭孟能，於臺北市衡陽路創設文星書店。蕭孟能曾說：「在民國四十一年，我決心創辦『文星書店』，希望能夠對反共復國和知識傳播的事業，貢獻一點個人的力量。」文星初期以翻印、編譯西文書為主。然而，當時臺灣版權觀念尚未普遍，盜印外文圖書的現象時有所聞。當時的出版業者，若想循著正規管道申請版權，臺北美國新聞處便是可以提供協助的單位之一。美新處是當時臺灣現代思潮的中心，引介各種西方思潮，也是臺灣知識分子擷取西方新思潮的轉運站。除了傳播美國最新的英文圖書與雜誌，協助臺灣在地出版社，與在地文化人交流等，也都是美新處的重要工作項目。此外，臺北美新處也訂閱《文星》（*Apollo*）雜誌（一九五七－一九六五），這是當時大學生、文藝青年喜愛的刊物，臺北美新處協助其海外推廣，並幫忙將其傳播至東南亞華人世界。除了出版事務的聯繫，在「美國國務院文化交流計畫」下，藝文團體來臺灣演出時，通常由美國新聞處和遠東音樂社合辦，而文星書店也成為藝文活動的據點之一。

文星書店的出版大多與現代思潮有關，這尤其表現在《文星》雜誌和「文星叢書」

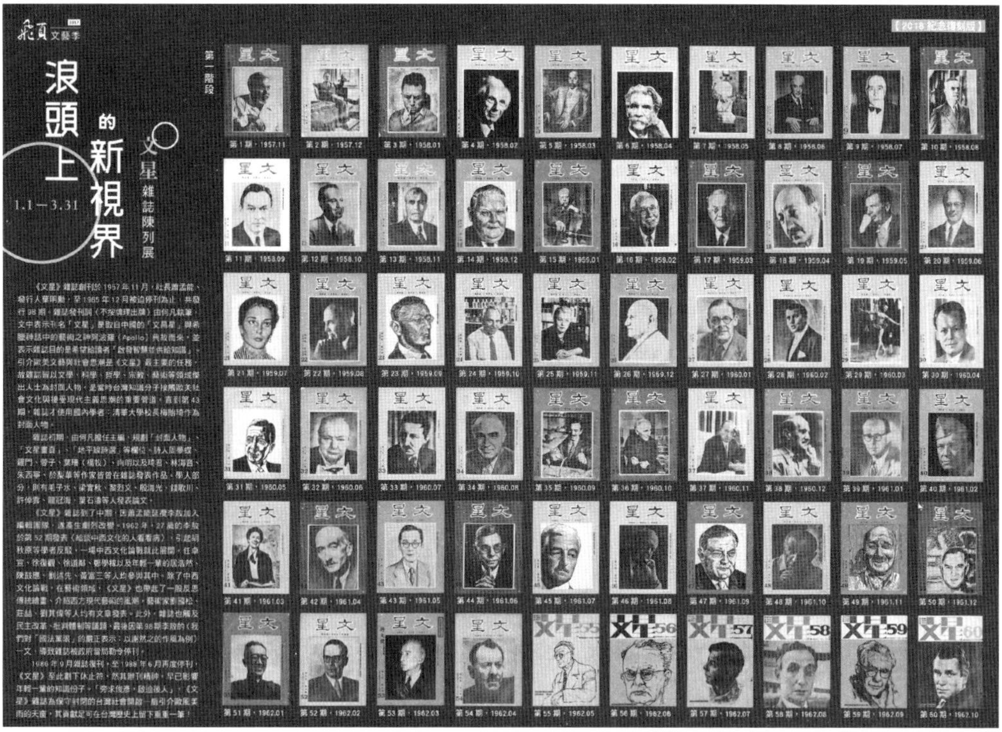

2017 年「飛頁」文藝季之雜誌陳列展：《文星》1-60 期封面。（圖片來源：遠景出版社）

上。例如施翠峰《現代美術思潮導論》，介紹現代中外美術思潮的成果，為臺灣現代藝術運動發聲。李玉階《新境界》探討人類進入太空時代，宣揚美國科學研究的現代性。或是出版旅美經驗作品，例如林海音散文《作客美國》、余光中詩集《萬聖節》。此外，文星書店也出版反共書籍，何毓衡《第八個月亮》敘述作者「三三」（包慶漪）如何由中國大陸奔向自由的經過。該書先在《聯合報》連載，後來由文星書店出版。整體而言，文星書店及其出版品，仍是走在現代道路上，引介西方人文思潮，對於臺灣自由主義和人文精神的鼓舞，影響年輕一代的學子。

延續「現代」的「新潮」：水牛出版社、志文出版社

《文星》雜誌在一九六五年因為批評威權體制而被查封後，水牛出版社（一九六六）、志文出版社（一九六七）的相繼成立，延續了臺灣出版界對於現代思潮的追求。一九六六年十一月底，彭誠晃與其他七位同屬牛的同學，創辦了水牛出版社。水牛是臺灣的象徵，具有任勞任怨、默默耕耘的意涵，其出版宗旨是「為您打開知識的寶庫，幫您走上智慧的道路」，具體的理想是「出版年青人的書，以及出年青人有益的書」。水牛文庫延續再版了文星書店時期受到矚目的王尚義作品《從異鄉人到失落的一代》，並出版其《野鴿子的黃昏》。根據一九八〇年的統計資料，《野鴿子的黃昏》已有四十多版，發行約二十萬冊。一九七一年，彭誠晃再創大林出版社，再版文星書店時期書籍，如陳之藩《旅美小簡》等。文星書店一直是水牛、大林的精神標竿。此外，「水牛文庫」引介國外大量少年讀物進入臺灣，也引介西方哲學、思考、文學等翻譯作品，知識分子的書架上開始出現沙特、卡夫卡、卡繆等人的著作，引領臺灣一九六〇年代存在主義的風潮。二〇一二年，彭誠晃將水牛出版社交由羅文嘉接手經營。

志文出版社是一九七〇年代臺灣的知識底色（高永謀語）。創辦人是張清吉，林衡哲稱他為「臺灣的王雲五」，而業界則稱其為「出版界的唐・吉訶德」。志文出版社除了出版

水牛出版社、仙人掌出版社、大林書店，都是受到文星書店影響的繼起一代。

大專院校學生重要的參考書「新潮大學叢書」外，最受到注目的便是「新潮文庫」，以及後來改編更適合中學生閱讀的「新潮少年文庫」。楊牧曾說：「所謂『新潮』，強調的是態度：我們想提供的是對文化和社會的新的勇敢介入的態度。」這套叢書是戰後現代化思潮的在地展現，從西潮走向新潮，這意味不僅譯介西方的作品，臺灣的知識界也可以有自己的文化生產。

「新潮文庫」的第一號作品是由林衡哲所翻譯的《羅素回憶集》。林衡哲與文星書店合作出版過《當代智慧人物訪問錄》一書，原本打算再接再厲出版《羅素回憶集》及《羅素傳》，但因為文星書店遭到查封，而與志文出版社建立合作關係。從此之後，各式哲學、文學、心理學、音樂、美術、歷史的書籍都納入新潮文庫出版的範疇，奠定新潮文庫具有一定知識性和思想性的出版定位，也開啟臺灣戰後「新潮」的一代。

文化輸出的前鋒：成文出版社

成文出版社和美國亞洲學會的關係，要從成文後來的負責人黃成助，與美國哈佛大學研究生艾利克（Robert Irick）的故事說起。一九六〇年代，美國哈佛大學教授費正清推動中國研究，在美國學界成為一股風潮，然而，當時西方學者無法進入中國，便將臺灣視為理解中國的媒介或場域。一九六一年，有感於美國學術界取得中國出版品的困難，研究清朝外交史的美國博士生艾利克（同時也是費正清的學生），建議當時的美國亞洲學會協助設立中文研究資料中心。一九六二年，資料蒐集的工作分別在美國、臺灣進行，臺灣負責人是黃成助，「黃成助蒐集臺灣出版品總目錄和出版消息，將打字稿本寄往哈佛東亞研究所，印刷成月刊通訊，贈送給美國亞洲學會會員和美國圖書館協會會員。這一年共計『外銷』

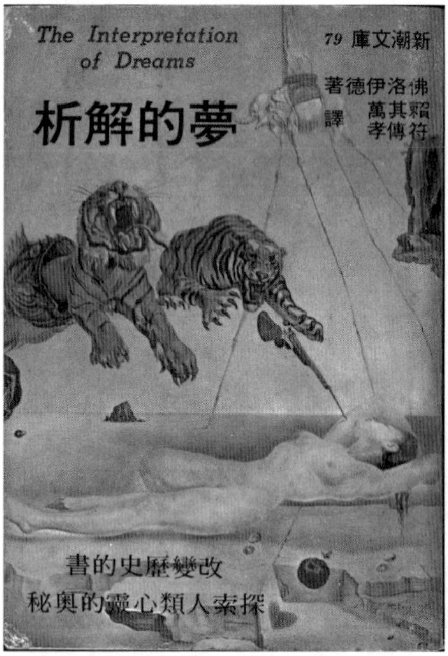

1972 年志文出版社「新潮文庫」佛洛伊德《夢的解析》，賴其萬、符傳孝翻譯。

了六萬多冊臺灣出版品」。一九六三年，美國亞洲學會在密西根大學成立「中文研究資料中心」，並在臺北設置辦事處，艾利克擔任主任、黃成助任副主任，黃成為艾利克的助手，兩人展開文化輸出的工作，將中文書籍輸往歐美等學術界，也包含各大學的漢學中心和東亞圖書館等。

由於國外市場對於中國圖書出版的需求，以及美國亞洲學會的助益，成文出版社成為第一個開始對外推銷中國古籍的出版社。該社創立於一九六四年，發行人是黃成助，編輯是黃章明，主要從事古書翻印的工作，闡揚中國文化作為目標，以增進國際對於「自由中國」的了解。因此，其出版圖書工作集中於「中國方志叢書」、《中國當代名家畫集》等。另外一方面，該社也借鏡國外對兒童文學的重視，編輯「兒童文學創作專輯」，並曾經銷藍星詩社的詩刊。成文亦曾總代理大英百科全書，發起「一家庭一百科」運動，呼籲大家成立「家庭圖書館」。

此外，出於和美國亞洲學會的淵源，加上國內對於美國圖書的需求，成文亦出版美國書籍、代理國外的圖書。首先，在美國相關的圖書方面，例如王定和《為什麼中國人會這樣外國人會那樣？》（一九七五）該書強調美國人做生意的概念。另外，王定和編纂《漢英釋義造句大字典》，得到臺灣大學和史丹佛大學聯合建立的華語訓練中心的讚賞，後由成文出版。其次，在代理國外圖書方面，一九七八年，「外文書籍價格昂貴國內亦不易買到，圖書館採用訂契約郵購方式處理，向成文出版社預約七百多冊新近出版的電影叢書，除了已絕版的，有三百冊新書已在美國駛向臺灣的海運郵輪上，照規定時限應該十二月初抵臺」。「出版家應當扮演文化輸出的前鋒。」一九七九年，在中國文化復興運動的浪潮中，成文出版社總編輯黃章明提出了他的看法。同年，成文出版社也取得英國國家廣播公司授權，在臺首次發行英語教學叢書。由於美國亞洲學會是以研究中國問題為主，成文出版社也為其提供近兩年來國內新出版的學術著作，或有關中國問題研究的英文著作，以及傳統的學術和藝術著作等。一九八〇年代，成文出版社也參加了美國亞洲學會年會的書展，可以說成文扮演一九六〇年代之後臺灣中國書籍出版外銷的重要媒介之一。

亞洲出版圈的南方：南天書局

南天書局的創辦，同樣是為了回應西方理解「中國」的需求。一九七六年，在臺大附近新生南路的巷子裡，南天圖書有限公司成立，負責人是魏德文。南天之所以名為「南天」，是就亞洲諸國的出版版圖而論，臺灣處於出版圈的南方，故名「南天」。這樣一間特殊的書店，其實與一九七〇年代的國際社會背景有關。延續成文出版社投入古籍重印，轉入西方市場的文化輸出，魏德文由於在艾利克和黃成助的手下工作過，得到很好的學術啟發，以及與西方人應對進退、處理事務的方法，因此，魏德文說：「艾先生與黃先生都是我的啟蒙導師。」

出版是魏德文最大的樂趣，他自稱「賣書只是在為下一次出書籌錢」，形成「以書養書」的出版哲學。在臺灣的出版社中，南天書局屬於「專門類」書店，主要出版下列四類的書籍：第一類是以專賣中國文物、中醫藥草、動植物圖鑑及中國器物藝術等專業書籍為主；二是中國研究相關外文書翻譯；三是早期臺灣史和原住民研究（如森丑之助《臺灣番族圖譜》、李莎莉《台灣原住民衣飾文化》）；四是向學有專精的研究者發出邀請，出版不少學術書籍。及至二〇〇〇年前後，美國國會圖書館每年編列兩萬五千美元（臺幣八十二萬元），購買南天書局的臺灣研究書籍，可說南天出版的臺灣研究已受到美國官方的肯定。

整體而言，一九五〇年代文星書店的出現，代表臺灣追求「現代」的渴望，水牛與志文出版社的接棒，意味著臺灣從接受現代西潮到逐漸茁壯的本土新潮，而成文出版社、南天書局出版史料圖書輸出國外，回應著西方學術界對於理解中國的想望。從一九六〇至一九七〇年代，成文與南天因此而受到美國官方和民間的關注，而美國亞洲學會、亞洲基金會在此過程便扮演引進西潮、輸出中國文化的中介角色，引領著戰後臺灣人文出版社的發展方向。

參考資料

官有垣，《半世紀耕耘：美國亞洲基金會與台灣社會發展》（臺北：台灣亞洲基金會，二〇〇四）。

吳栢青，〈見證歷史，索覽尋根：成文出版社〉，收錄於《台灣人文出版社30家》（臺北：文訊雜誌社，二〇〇八），頁二一一—二三五。

林衡哲，〈從文星雜誌到催生新潮文庫的心路歷程〉，封德屏主編，《台灣人文出版社18家及其出版環境》（臺北：文訊雜誌社，二〇一三），頁一〇六—一一二。

林載爵，〈一個中學生的書架：一九六〇年代的閱讀史〉，《聯合報》聯合副刊D3版，二〇一九年七月二十五日。

黃文成，〈星火能燎原也能蔓延：《文星》的發聲與停刊〉，封德屏主編，《台灣人文出版社18家及其出版環境》（臺北：文訊雜誌社，二〇一三），頁一五—二六。

高永謀，〈出版界最後的本格派：志文出版社〉，收錄於《台灣人文出版社30家》（臺北：文訊雜誌社，二〇〇八），頁一二一—一三二。

楊牧，〈「新潮叢書」始末〉，《聯合報》聯合副刊12版，一九七七年二月十日。

楊華，〈張清吉在築文化長城：簡介志文生出版社〉，《民生報》8版，一九七八年十二月十八日。

鄧蔚偉，〈南天書局　另類書店　冷門學術書掛帥　偏有國際知名度〉，《聯合報》35版，一九九四年六月二十九日。

顧敏耀，〈台灣文史研究的寶庫：南天書局〉，收錄於《台灣人文出版社30家》（臺北：文訊雜誌社，二〇〇八），頁一六三—一七八。

蘇惠昭，〈耕犁出版一片天：水牛出版社〉，封德屏主編，《台灣人文出版社18家及其出版環境》（臺北：文訊雜誌社，二〇一三），頁二二七—二四四。

Operations Memorandum, USIS Taipei to USIS Singapore, "Chinese Language Periodicals", June 12, 1961, Box2, E-1-2 Press& Publications (Locally Originated Fast News), Foreign Service

Posts of the Department of State, Taiwan: U.S. Embassy, Taipei: United States Information Service (USIS): Classified Alpha-Numeric Subject Files, 1957-1961, RG84, NARA.

8

所謂五小
「純文學」，以及文學史的締造

王鈺婷

「文學五小」及其「純文學」的方向

一九七〇年代於文壇現身的「文學五小」，由於創辦者的省籍背景、文人身分，與出版社的創辦資源及所處地緣環境，形構出獨特的文學社群，其中包括林海音成立純文學、姚宜瑛創立大地，隱地的爾雅，楊牧與瘂弦、葉步榮、沈燕士共同創辦洪範，與任職《中華日報》副刊的蔡文甫成立九歌。一九五〇年代臺灣文壇以配合國家主導文化的反共文學為主流，具有黨公營色彩和中國大陸來臺的五大出版社（商務、中華、世界、開明與正中）成為文壇主流；一九六〇年代中華商場落成，臺灣經濟轉型也帶動出版業的轉型，一九七〇年第一個永久性的書刊聯營市場

「中國書城」開幕；一九七〇年代號稱「文學五小」的年代，是為隱地口中的文學黃金時代。「文學五小」以「純文學」為出版理念，以「文學性」的標舉，開創出專屬於「純文學」的出版年代。

「純文學」一詞來自於一九六七年林海音創辦的《純文學》月刊，何凡為《純文學》月刊創刊號擬定發刊詞〈做自己事，出一臂力〉，其一為提到「純文學」和「純喫茶」一樣，文學以外，不予考慮；其二據《辭海》所言，提到文學有廣狹二義，在此偏向於狹義，專指偏重想像及感情的藝術作品。此一推動「純文學」的理念，更早來自於林海音一九五三年主編《聯合報》副刊時期，強調文學的「純正性」，聯合副刊在當時戒嚴體制中成為平衡省籍、性別的版面，更晉升為報紙副刊推動「純文學」重要媒介。一九六三年歷經「船長事件」後，林海音於一九六七年創辦《純文學》月刊再次重申「純文學」，應有其文學超越政治價值的寄託，具有深意。而「文學五小」在文學場域占據何種位置呢？如何透過其文學事業，實踐相似的「純文學」出版方向，以形塑文學市場？彼此出版路線有何差異，如何共同促成文學史的締造？

文學女力：林海音與姚宜瑛

林海音由於其特殊身分與獨特歷練，在臺灣文壇具有調和各方勢力的複雜性，也使得林海音在各方交界領域（borderland），形成雙重主體的複合位置，如同范銘如精闢指出：「林海音跨域群族鴻溝，遊走文類職場界線，複合的身分與多元的歷練向來為人樂道。」一方面林海音特殊的臺籍身分，使其扮演臺灣與大陸之間的中介角色，在五〇年代地緣政治下展現多元身分的流動，充當不同對話的折衝之處。這樣的複合身分，也展現在林海音於臺灣文壇也扮演跨越作家、編輯、出版人的多重角色，包括曾任北平《世界日報》記者、編輯、《國語日報》編輯、《聯合報．副刊》主編、《純文學》月刊，與擔任純文學出版社發行人。

臺灣文壇的一席佳話為「林海音的客廳是半個臺灣文壇」，一九六八年創立純文學出版社的林海音，以她寬廣的人脈及與文學傳媒的深厚關係，輔以其擔任《聯合報．副刊》與《純文學》月刊主編所累積的厚實基礎，打造出純文學此一閃亮的招牌。純文學創辦初期發行書籍，以《純文學》月刊上發表的作家作品為主，如吉錚《海那邊》、林文月的《京都一年》等書。林海音以其主編《純文學》月刊的發表作家為班底，包括作家，如彭歌、王藍、余光中、何凡、張秀亞、子敏、孟瑤、劉慕沙、葉石濤、鄭清文、鍾肇政、徐鍾珮、琦君、潘人木、紀剛等人，亦包含學者，如夏志清、杜國清、何欣、林文月、黃維樑、鄭清茂等人，開創出純文學豐茂的筆之隊伍。

純文學出版社以純文學路線為主要經營方向，出版過許多兼顧文學性與思想性的長銷書，如王藍《藍與黑》、林海音《城南舊事》、琦君《詞人之舟》、何凡《何凡全集》、紀剛《滾滾遼河》、子敏《小太陽》、徐鍾珮《餘音》、潘人木《蓮漪表妹》、余光中《在冷戰的年代》，與夏志清《愛情．社會．小說》。此一系列書籍，大致涵蓋一九五〇至七〇年代臺灣文學所

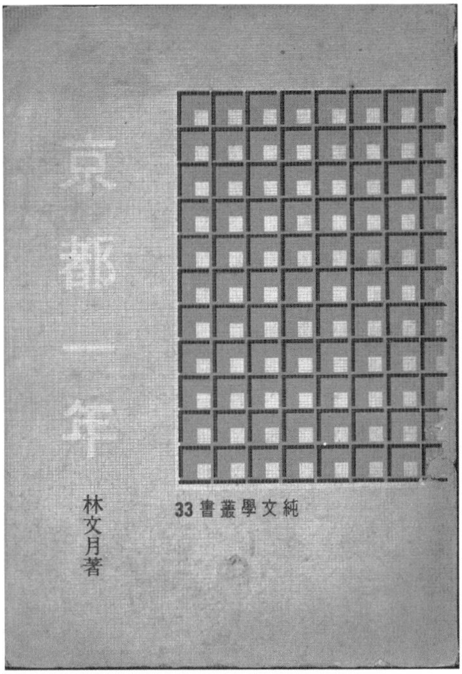

1971 年，林文月《京都一年》，純文學出版社。

內蘊的價值體系，女作家筆下的文學技藝、美感形式與古典詩情，其作品中所傳遞的濃厚鄉愁與溫潤筆觸，是為張誦聖所指出的「抒情傳統」文化型態；相較於女作家偏向抒情美文系譜，男作家筆下的雜文和文學研究成果，和當時社會現實與冷戰氛圍亦有多重的交會。

值得關注的是，純文學出版社延續林海音主編《純文學》月刊的專輯企劃，出版《中國近代作家與作品》一書，在當時臺灣文化場域與中國現代文學斷層的情況下，林海音突破當時國民黨政府對於二〇、三〇年代文學作品的壓抑，介紹中國五四以來的作家與作品，對於京派文人與以北京為活動中心的作家群特別關注。《中國近代作家與作品》選入老舍、沈從文、郁達夫、凌叔華、周作人、朱湘、徐志摩、冰心等人的作品，邀請對該作家有相當研究的作家或是學者撰述專文，具有跨域主體性的林海音，透過出版事業承繼與轉化五四一代的文學傳統，在文學史的傳承上有其貢獻。

早年曾在《掃蕩報》與《經濟日報》擔任記者的姚宜瑛，在《中國文選》擔任過編輯。姚宜瑛受到任職於香港《讀者文摘》的作家思果之鼓勵，於一九七二年創辦大地出版社，在以男性

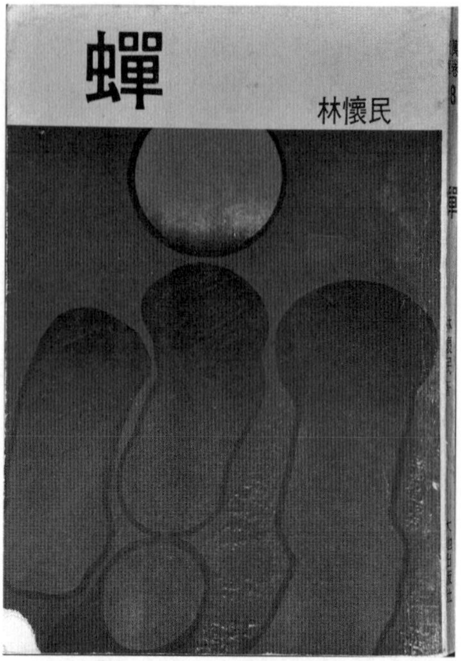

1974 年，林懷民《蟬》，大地出版社。

為主的出版界，姚宜瑛和林海音一樣，除了文學創作的表現外，也熟稔文學編輯出版，並且擔任中國婦女寫作協會總幹事與諸多人脈網絡，彼此連結，以其親和的女性特質，開創出「大地」的出版事業。「大地」位處於瑞安街，與文學名家梁實秋、陳之藩、沈櫻等比鄰而居，此一氣氛靜美的文學巷，也維繫出緊密的文學社群。

在「文學五小」所處的美好時代，「大地」於文學興盛時期，出版路線和「純文學」大致相同，以文學創作和譯作出版為重要方向，諸如與「大地」關係密切的思果，其《林居筆記》獲得第十四屆中山文藝獎，此外，余光中的《白玉苦瓜》、席慕蓉的《七里香》與《無怨的青春》等詩集出版大受歡迎，帶領出臺灣詩人出版的熱潮，相繼推出向陽、敻虹、羅青與張錯等人的詩作。其他，諸如余光中翻譯的《梵谷傳》再由「大地」推出新版，林懷民小說集《蟬》的出版，女作家劉枋、小民、張曉風、季季、劉靜娟等當代女作家作品集結於「大地」，與風靡一時的沈櫻譯作《一位陌生女子的來信》，都締造了「大地」以文學出版為主要路線的文壇盛世。

具時代意義的文學史志業：爾雅、洪範與九歌

同樣位處於文學街的爾雅出版社，一九七六年由隱地所創辦。本名柯青華的隱地，曾於《純文學》、《警備通訊》、《青溪》雜誌與《新文藝》月刊擔任過編輯或是主編的工作。隱地投身文學出版的故事，和《書評書目》的籌辦有關，《書評書目》由隱地與簡靜惠一同創辦，初期定位為文學書評的雜誌，洪健全基金會擬將《書評書目》改為綜合性書評雜誌，隱地決定自行創業，創辦以文學出版為取向的爾雅出版社，以實踐理想，開啟首航。

1976 年，琦君《桂花雨》，爾雅出版社。

爾雅的創業書為王鼎鈞於《中華日報》所連載的專欄，隱地將專欄名稱「人生金丹」改為《開放的人生》，《開放的人生》一路長銷，可見隱地的眼光，其後琦君的《三更有夢書當枕》，也具有非凡的銷售量。在文學書銷售輝煌的一九七〇至八〇年代，除了琦君與王鼎鈞的書成為爾雅的扛鼎之作，爾雅出版了張拓蕪的「代馬五書」，以戰火倖存者自稱的張拓蕪，帶領讀者一窺大時代的歷史，寫下無數讀者心中「不可言說的心事」，一九八〇年代爾雅出版張曉風主編的「有情四書」，再創另一高峰。

爾雅出版社以「年度小說選」介入文學史締造之中，並留下時代的印記。隱地曾於《這一代的小說》與《隱地看小說》中，展現對於文學評論的關懷視野。「年度小說選」歷經仙人掌、大江與書評書目等不同出版社，至一九八一年由隱地取得所有版權，進行續編，共出版三十三冊（一九五五年至一九九八年），並陸續出版「年度詩選」（一九九一年至二〇〇一年）與「年度文學批評選」（一九八四年至一九八八年）。「年度文選」具有文學典律的意義，呈現出文學的時代風景與發展走向，也是爾雅為文學史所留下詳實的記載。

座落於廈門街和爾雅長相左右的洪範書店，是由楊牧與瘂弦、葉步榮、沈燕士合夥經營的書店，受到五四文人出版社的影響，與良友、新月、水沫、開明等書店的精神感召，洪範書店以《尚書．洪範》為參酌，取「天地之大法」之用意，可見五四文學與文人出版對於洪範的影響。洪範書店邀請臺靜農先生題字，第一批推出的書為余光中的《天狼星》、張系國的《香蕉船》、林以亮的《林以亮詩話》、朱西甯的《將軍與我》和羅青的《羅青散文選》，可見洪範書店出版的文學眼光。

洪範書系主要是「文學叢書」與「洪範譯叢」。「文學叢書」的長銷書，包括琦君的《橘子紅了》、王文興的《家變》、楊牧的《葉珊散文集》、張系國的《昨日之怒》、鄭愁予的《鄭愁予詩集》等作品；「洪範譯叢」翻譯自世界知名文學大師的作品，如楊牧編選的《葉慈詩選》，林文月譯的《伊勢物語》、《源氏物語》等。

和純文學出版社出版策略相似，洪範書店也出版二〇、三〇年代作家選集，可見「文學五小」對於文學史銜接與典律建構之共同關懷。一九八〇年代楊牧致力於散文選集的編輯工作，包括一九八一年編選《中國近代散文選》、一九八二年編輯《豐子愷文選》四冊、一九八三年編輯《周作人文選》兩冊、一九八四年出版《文學源流》、一九八五年主編《許地山散文選》等，楊牧從文類的方向，散文的源流、文類特徵與類型論來觀察近代散文的

1978 年，王鼎鈞《碎琉璃》，九歌出版社。

1976 年，余光中《天狼星》，洪範書店。

發展，透過《中國近代散文選》的編選工作，以及豐子愷、周作人與許地山的舊作重刊，來提出對於散文史的詮釋，其中透露出楊牧的文學史眼光與歷史回顧。此外，還包括編選《八十年代中國大陸小說選》六冊和《中國現代小說選》六冊，其中一九七七年至一九九八年任職於《聯合報．副刊》主編的瘂弦扮演關鍵性之角色，瘂弦推動世界華文文學，以其主編身分和編選者鄭樹森、西西的人脈牽繫，也促使洪範推動一九八〇年代中國文學熱的交流。

一九七八年創辦九歌的蔡文甫，一九七一年至一九九二年擔任中華副刊主編，和其他「文學五小」創辦人所任職文學傳媒的工作相似，蔡文甫也和「文學」有著密不可分的因緣牽繫。在「文學五小」處於「後起之姿」的九歌，以《楚辭》

篇目為名，朝向面向大眾的文學出版社，並參考日本「岩波文庫」和臺灣「文星叢刊」，以發行「九歌文庫」和「九歌叢刊」兩條書系。「九歌」作者群跨越地域與世代，從梁實秋、司馬中原、劉紹銘、林清玄，至郭強生、虹影、嚴歌苓、鍾怡雯、陳大為、朱少麟等人，涵蓋遼闊的華人作家群。

九歌以個人出版社之力，一九八九年進行《中華現代文學大系》（壹），二〇〇三年推出《中華現代文學大系》（貳），皆由余光中擔任總編輯，也是繼天視出版《當代新文學大系》與巨人出版之《中國現代文學大系》之後，最具有代表性，回顧二十世紀後半臺灣文學發展的文學大系。一九九八年九歌創辦二十週年，由白靈、陳義芝、平路與李瑞騰以四冊《臺灣文學二十年》為里程碑，選出戰後出生新詩、散文、小說與評論各二十位名家作品；二〇〇八年推出《臺灣文學三十年菁英選》，由白靈、阿盛、蔡素芬與李瑞騰，以新詩、散文、小說與評論選入各三十位名家作品。在年度文選上，九歌自一九八一年至今持續編選「年度散文選」，並於一九九九年經隱地同意接手「年度小說選」，二〇〇三年創立「年度童話選」，和九歌文教基金會與少兒書房之推動相輔相成。九歌以文學大系與文學選集，創造出具有時代意義的文學史志業，也為臺灣當代文學留下重要史料。

在一九七〇年代創立的獨特時空背景之下，「文學五小」標榜「純文學」的立場，寄託出版家心中的文學藍圖，也和文學體制、政治現實多重協商。跨越新世紀的第二十年，此一文學黃金時代的追索，是一九七〇年代出版家文學因緣的回溯，亦是臺灣文壇「純文學」出版路線的追尋之路。

參考資料

封德屏主編，《台灣人文出版社18家及其出版環境》（臺北：文訊雜誌社，二〇一三）。
張蘊方，《「純文學」的生產體制：以臺灣「五小」出版社為探究對象》（臺北：國立臺灣大學臺灣文學研究所碩士論文，二〇一八）。
李瑞騰主編，《霜後的燦爛：林海音及其同輩作家學術研討會論文集》（臺南：國立文化資產保存研究中心籌備處，二〇〇三）。
汪淑珍，《文學引渡者：林海音及其出版事業》（臺北：秀威資訊，二〇〇八）。
王鈺婷，《抒情之承繼，傳統之演繹：五〇年代女性散文家美學風格及其策略運用》（臺南：國立成功大學台灣文學研究所博士論文，二〇〇九）。

column

特寫

放下嚴肅，走入日常

回看「瓊瑤傳奇」與「三毛旋風」

金瑾

一九六三年瓊瑤第一部長篇小說《窗外》在《皇冠》雜誌一次刊出，兩個月後出版單行本，立刻被搶購一空，開啟「瓊瑤傳奇」以及臺灣「愛情小說」的序幕。一九七六年三毛《撒哈拉的故事》由皇冠出版社出版，成為「流浪文學」的經典之作，同時也掀起「三毛旋風」。這兩波「現象級」風潮的推手，是《皇冠》雜誌創辦人兼聯合副刊主編平鑫濤（一九二七—二〇一九）。

《皇冠》雜誌創刊於反共文藝當道的一九五四年，早年以翻譯西方文學、介紹西方流行文化為主，並不完全配合國策，但也未產生重要的影響力。一九六〇年代，平鑫濤藉著《皇冠》雜誌發揮跨媒介整合的長才。首先，《皇冠》創立「皇冠基本作家制」，藉由預付版稅的方式吸引到固定合作的文壇名家與寫作新秀；其次，繼林海音之後，平鑫濤接任《聯合報》副刊主編（一九六三—一九七六），透過同時「辦雜誌」與「掌副刊」的方式，為作家建立出道的完整管道。作家可以運用「聯副」發表文章，接著刊載於《皇冠》雜誌，最後再經由皇冠出版社集結出版，甚至經由旗下影業公司，將文學改編影視。於是始於文字的小說，可以透過《皇冠》的管道一路發表、出版、拍成電影；影視化以後作品，又可以透過《皇冠》的版面，運用封面人物，以及劇照搭配文字的形式，重新運用紙本媒體的功能發揮宣傳效益。

由於平鑫濤成功地媒介整合與制度設計，《皇冠》得以為大眾文藝作家搭建完整的舞臺。瓊瑤與三毛正是在這樣的條件下，先後崛起，留下了許多膾炙人口的作品，也引發一連串關於大眾文學、嚴肅文學以及關於文學社會性的討論。

逃逸或逃避？——「窗外」的愛情

黃葉無風自落，秋雲不與長陰，天若有情天亦老，搖幽恨難禁，惆悵舊歡如夢，覺來無處追尋。（瓊瑤，〈追尋〉引言）

一九六三年，《窗外》出版後，瓊瑤一舉成名。同年，瓊瑤在聯合副刊連載小說〈追尋〉，演繹古典詩詞與民初中國愛情，翌年收錄在《六個夢》，並於一九六五年改編為第一部瓊瑤電影《婉君表妹》。

然而，公式化的操作，以及人物扁平而誇張的情緒反應，為瓊瑤的作品帶來了批評聲浪，很大一部分的聲音來自異議知識分子。例如在《窗外》改編電影上映前夕，李敖在《文星》雜誌撰文〈沒有窗，那有「窗外」？〉，批評其作品社會性的缺乏。

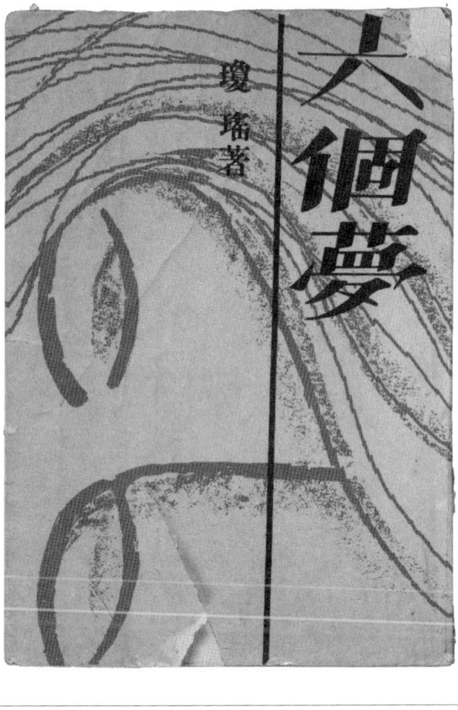

1964 年，瓊瑤《六個夢》，皇冠出版社。

純文學與大眾文學的分野被一刀切開，大眾文學成為被貶抑的對象。但在民族與國家占據政治制高點的年代，書寫人人愛看的小情小愛，究竟是對體制的逃逸，還是對現實的逃避，始終耐人玩味。對瓊瑤的貶抑，究竟只是出自寫作手法的批判，或是出於更深層地，對女性個人情愛世界可能對男性集體民族大義的惘惘威脅感到恐懼，也讓學者們爭論不休。

流浪的自由與理由

撒哈拉沙漠，在我內心的深處，多年來是我夢裡的情人啊！（三毛，〈白手成家〉）

如果純文學與大眾文學的分野可以成立，三毛的寫作起點應屬純文學陣營。一九六二年，三毛以「陳平」之名，在白先勇主持的《現代文學》上發表了第一篇作品〈惑〉，此後游擊於中央副刊、人間副刊、《皇冠》、《幼獅文藝》等報刊。一九七四年，三毛在聯合副刊發表〈「中國飯店」〉，並標注「寄自撒哈拉沙漠」，文章引起廣大迴響，其後由皇冠出版《撒哈拉的故事》、《稻草人手記》、《哭泣的駱駝》、《溫柔的夜》（一九七九）等撒哈拉沙漠四書，成為家喻戶曉的作家，在八〇年代和瓊瑤同為高居暢銷書排行榜的兩顆天王巨星。

三毛旋風的開展，可以從兩方面來看，首先是戒嚴時期，國人尚不能自由出國旅遊的年代，撒哈拉沙漠的婚戀生活書寫，為讀者打開遠離「鄉土」的異國之窗；其次，三毛的國籍與文化位階在西方視野中，乃東方主義視線底下被觀看的位置，但在沙漠書寫中，反成是觀看撒哈拉威人的一方。這些視線交錯更突顯現代性想像本身的帝國主義與殖民因素。

中國飯店
從三門街說起
聯合副刊

1974 年 10 月 6 日，三毛〈中國飯店〉，《聯合報》聯合副刊。

若將憂國憂民的主題，視為嚴肅文學正統，女性暢銷作家常成為異議知識分子的批評對象，諸如李敖，認為三毛是瓊瑤的變種，他認為瓊瑤的主題是花草月亮與哀愁，而三毛是花草月亮與哀愁，再加上一把黃沙。當許多知識分子將與政治社會無關的作品排斥在純文學之外，平鑫濤在《皇冠》與職掌聯副期間，反而精準抓住隨著經濟起飛而增長的中產階級讀者，讓文學、藝術能夠與生活結合。平鑫濤的信念是「只有好的文學和不好的文學；只有好或壞，沒有純不純」。純文學的邊界開始模糊，內容也從正襟危坐的愛國反共文學，經由瓊瑤敢愛敢恨的小說呈現、三毛自由奔放的異國婚戀書寫，漸漸走入充滿悲情與喜樂的日常。

參考資料

林芳玫，《解讀瓊瑤愛情王國》（臺北：臺灣商務，二〇〇六）。

葉雅玲，〈繆思殿堂裡的文學活動：訪平鑫濤社長「皇冠文化集團」的出版事業〉，《文訊》第二四三期，二〇〇六年，頁九二—一〇〇。

戴華萱，〈三毛旋風——以女性讀者的角度探悉七〇年代的首波三毛熱〉，《東亞漢學研究》第八號，二〇一八年七月，頁一四七—一五六。

金瑾，《女作家的越界書寫與現代性想像：以徐鍾珮、吉錚、三毛為例》（新竹：國立清華大學台灣文學研究所碩士論文，二〇一七）。

「流浪的橄欖樹：三毛逝世30周年紀念特展」，國立臺灣文學館二〇二一年，https://echo.nmtl.gov.tw。

1979

字的繁花盛開

1991

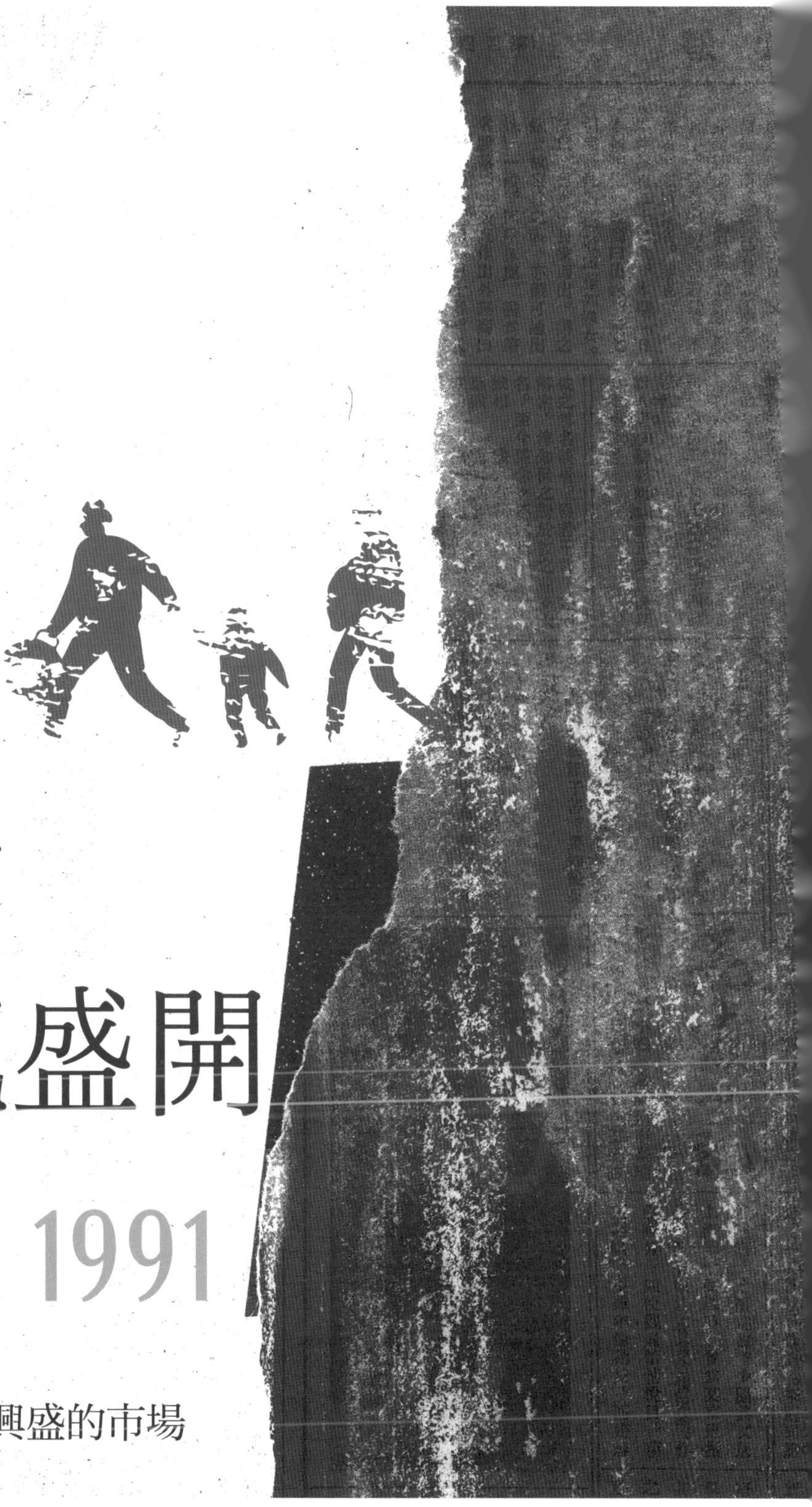

多元的園地，興盛的市場

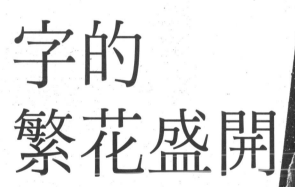

9

跨越的文學地貌

類型市場的浮現

金儒農

關於臺灣的敘事中，一九七九年往往會被定義為風雨飄搖，一月美國宣布正式與中華人民共和國建交，十二月則是在高雄發生了美麗島事件。無論在國際政治上或是民族意識上，都是重大的歷史節點。用現在的眼光來看，很容易將那個時候想像成一個政府風聲鶴唳、全民戰戰兢兢的時代，事實上，政府或許風聲鶴唳，全民未必真這麼戰戰兢兢。

一九七〇年代，臺灣經歷了以農養工、成立加工出口區等政策，雖然遇到了兩次石油危機（一九七四年與一九七九年），靠著擴大公共投資（十大建設）與發展基礎工業與重工業，帶來臺灣最亮眼的經濟成長，此一時期的每年經濟成長率平均可到一〇%以上。這從而帶來的是臺灣人的薪資成長，根據主計總處的資料，國民每人平均所得從一九七六年的三

1977 年《仙人掌》雜誌創刊，社長許長仁，發行人林秉欽。林秉欽曾任「文星書店」門市部經理。

萬九千三百四十四元到一九八一年的八萬九千四百三十四元，創下臺灣有史以來最高的二點二七倍漲幅；同時，臺灣的國民消費支出總額也從一九七五年的三十三萬六千八百四十六（百萬元）漲到了七十六萬七千七百四十二（百萬元），一樣是臺灣最高的消費支出漲幅。

從這些數字中我們發現，臺灣作為消費社會的可能性正在一九七〇年代後期萌芽，而隨著消費能力擴張，人們對於娛樂的需求也就變得更為強勁。在政治上或許有著相當的管制，在娛樂事業以及其相關的公共話語，則有著強勁擴張的表現。出版界也有著相應的表現，即便此時的官方政策對出版採取嚴格管制的態度，出版社數量還是從一九七〇年的一千三百五十一家增加到一九七九年的一千八百五十八家。出版人身分也從習見的中國來臺文人，轉為年輕的臺灣人，例如王榮文（一九四九—）於一九七五年創辦遠流出版社，許長仁（一九五一—）於一九七七年創辦《仙人掌》雜誌（此為故鄉出版社的前身）。

不過，要談到臺灣進入消費社會對文壇最明顯的影響，大概就是藉著資本主義邏輯擠出了屬於類型小說的文學次場域。

而最能代表這個現象的事件，莫過於一九七九年的金庸小說在臺正式出版。

追認的風華

臺灣的大眾小說中，武俠小說大概是發展最早、產業鏈最完整、也被最多讀者認可的大眾文類，自一九五〇年代後期以降，武俠小說歷經了司馬翎、諸葛青雲、古龍、上官鼎等人的經營，獲得了相當的支持。這時的武俠小說發展呈現兩極化的現象，一方面武俠小說家喻戶曉、眾人皆知，甚至只要稍有名氣的報紙都要為了爭取讀者而刊載，即便是三大報——《聯合報》、《中國時報》、《中央日報》——也不例外；另一方面，在一般的書局非常難看到武俠小說的蹤影，大眾文學與純文學出版社涇渭分明，武俠小說、言情小說這類「閒書」只能在租書店這類非正規通路內出現。

林芳玫曾經將七〇年代以前的臺灣出版市場分成四個階層：⑴政府機構、⑵穩定的私人機構、⑶前衛或激進團體和⑷租書業，政府機構包括了有著官方色彩的出版社（如可說是國防部的附屬單位的黎明文化事業公司）與全國的大眾媒介（如電視臺、廣播公司與官方報紙）；穩定的私人機構則是由民間經營，透過長期的形象積累讓讀者認可其為一個可信任的出版公司，包括聯合報、中國時報等報社與爾雅、洪範、皇冠等出版社；前衛和激進團體則以雜誌為主，通常有著強烈的美學與創作傾向，這也導致其與官方言論審查機制有著緊張

1979 年遠景出版社取得正式授權的「金庸作品集」。（圖片來源：張俐璇攝自竹風書店）

感，也未必能獲得足以支撐自身存活的資本，具備一定的同人出版性格，不管是後來帶領臺灣現代主義文學風潮的《現代文學》，或是很長時間維繫臺灣民族意識的《臺灣文藝》都算在這個類別中。租書店獨樹一幟，前三者的書鮮少在其中出現，只有特定的出版社會向其供應書籍，作品以通俗的武俠、言情、鬼故事為主，印刷品質也較為差勁，整體更接近地下經濟一點。

參考這個分類，武俠小說正遊走在「穩定的私人機構」與「租書店」之間，以一種有名氣有名聲沒有位置的角色出現，而這幾乎也是金庸小說在臺灣的寫照。

自一九五九年警總執行「暴雨專案」查禁「匪共武俠小說」以

來，金庸武俠小說就在臺灣成了禁書，其被禁原因莫衷一是，有說是因為金庸任職於具左派色彩的《大公報》，也有說因為《射雕英雄傳》書名化用自毛澤東詩詞犯了忌諱，總之此後二十年，臺灣的武俠小說市場不復金庸的名號，出版社盜印也多託名他人並更改書名，例如《鹿鼎記》與《笑傲江湖》都變成司馬翎寫的《小白龍》與《獨孤九劍》。

所以經歷兩年的努力，遠景出版社終於獲得新聞局的首肯願意放行金庸作品，並於一九七九年先在《聯合報》與《中國時報》上連載，後於一九八〇年正式出版才會造成這麼大的轟動。

對出版市場來說，他們清楚地意識到政府的管制策略有所鬆動，甚至從政治為最高指導原則變成有交涉的空間，這幾乎成為了臺灣步入消費社會後在文化領域的分水嶺；對讀者而言，武俠小說從原本在租書店的「下等文學」進入了書店，習慣的「雅」「俗」分野因此被改變；對大眾小說領域而言，金庸這個大眾文化的象徵作者由推出黃春明《鑼》與陳若曦《尹縣長》的遠景出版，也表示了大眾從此得以堂而皇之地浮出水面，不需要與一般出版品做出區隔。

只是從武俠小說讀者的眼光來看，金庸在一九六〇年代末期就封筆不寫武俠，古龍也在一九八五年過世，儘管有溫瑞安這樣的後起之秀承繼類型榮光，也必須要承認這早已不是武俠最好的時代了，這時獲得的認可，更接近對往日芳華的一種追認，而非確認武俠的當代位置。

與主流協商

南方朔曾經描述臺灣的一九八〇年代為「掙脫舊枷鎖的時代，也是新生事物和新的社會內容開始被添加進舊結構及舊文化裡的時刻」，我們會看到許多如今習以為常的事物在此時處於一種引起騷動的不穩定狀態，特別是在出版界，舊有的秩序與新的資本邏輯不斷地斡旋抗爭，碰撞出一個大相徑庭的場域生態。

此前，言情小說在臺灣的位置大致與武俠小說相仿，都是「租書店那邊」的，瓊瑤、華嚴、徐薏藍等在穩定的私人機構出版的作品並不像現在被直接視為言情小說，而處於「比較大眾的文藝小說」的位置。而就像金庸透過遠景獲得了主流文壇的入場券，一九八〇年代的言情小說出版社也想要為主流認可，希代出版社就是其中一例。

一九八〇年代初期，希代出版引進西方羅曼史在臺灣闖出名號，而在想要涉足主流文壇時遇到了障礙，當時能夠出書的作者多被掌握在老牌出版社手裡。像希代這樣更靠近租書店系統的出版社，很難獲得作家的信任。於是他們將目光放到了自一九八一年起由《明道文藝》舉辦的「全國學生文學獎」，由於限定參賽者需具備學生身分，比較容易挖掘新人。此外，在那個大學錄取率還徘徊在三五％上下的時代，大學生作為知識菁英的象徵也能合理地成為希代與主流文壇斡旋的資本。

一九八五年，希代推出了時為東吳大學中文系碩士生的張曼娟的短篇小說集《海水正

1985 年，張曼娟《海水正藍》，希代書版。（圖片來源：曾怡甄攝自臺灣文學館）

藍》，兩年半內賣了十餘萬本。而後出版社更打鐵趁熱，接連推出了六名女大學生（吳淡如、彭樹君、詹玫君、楊明、陳稼莉、林黛嫚）的作品，並冠之以「小說族」名號，蔚為一時風潮，之後甚至推出了《小說族》雜誌。

這可能是臺灣第一次以打造個人品牌的方式在經營作者（雜誌的英文譯名甚至是 Fiction Star，造星之意溢於言表），而就結果論，不管是銷量或是獲得主流文壇的注意，希代都算達到了目的。然而這群作者搭配上另一波出版變革，引發了既有文壇秩序的反撲。

臺灣過去的書店體系，多以兼營文具的社區書店為主，或者是會有如臺北重慶南路或嘉義中山路那樣的書店群聚形式，就算選書會受到經銷商的影響，但老闆的確可以在書店的陳設或對客人的推銷上展現自己的個性與意志。而成立於一九八三年的金石堂書局，以近百坪的展場空間、多於其他書店數倍的藏書，還有明亮的照明開風氣之先，建立了「現代」的閱讀空間。更重要的是，金石堂大概是第一個用電腦掌握庫存與在櫃檯使用POS系統的書店，這讓他們脫離「印象式」的經營模式，確切地掌握每本書的銷量，進一步學習了美國行之有年的暢銷書排行榜，推出臺灣第一個「書籍暢銷排行榜」。

1988年7月《小說族》雜誌創刊號。

這種以數字而非品味為前提的書籍介紹方式，迅速刺激了傳統文壇與暢銷書原本就存在的敏感神經，以前的文學機制借助「忽略」將暢銷書排除於文壇之外，如今暢銷書以這種方式建立了自己的可見度。處於兩者的交界的「小說族」迅速變成了靶心，《中國時報》甚至以「排行榜新青春偶像派爭議多」為標題整版報導，也就像張曼娟所說，幾乎所有的批評都圍繞在出版社的商業包裝與行銷手法上，針對作品說話的少之又少。

事實上，「小說族」的作家們跟希代的合作關係並沒有維持太久，這群大學內的作者對文學仍然有更為理想的期待，而並非是那麼單純的商業路線。故此《小說族》雜誌也很快地就回到了希代熟悉操作的言情小說路線。經過這一波操作，可以說言情小說成功地獲得了本土化（相較於西方羅曼史）與現代化（相較於瓊瑤）的土壤，正式擠出一個屬於當代都會女性的文類，以致一九九〇年代的臺灣言情小說工業的確立。

異花的移植

在武俠小說與言情小說這類原本就有著華文敘事文類脈絡的類型小說，與主流文壇協商出新的存身空間的時候，推理小說也正以一種不同的姿態在臺灣出版市場中著陸。

一九八〇年代以前，臺灣就出現過不少以推理小說為主題的雜誌，例如《偵探之王》、《偵探》、《偵探世界》，以偵探為名可見是譯自英文的「detective fiction」，內容大多翻譯自歐美的短篇推理小說，卻未附出處，導致許多讀者知道自己正在讀一個特定的小說類型，可無法探索其作者，也無法建構對於這個類型小說更為系統的認識。

直到詩人、也是林白出版社發行人的林佛兒讀到了日本推理小說家松本清張的《零的焦點》（一九五九），清張的作品一洗過去以解謎趣味為主的本格派風格，開創以揭發社會議題與結構問題為主的社會派，林佛兒大受此風格吸引，決定透過林白出版社大量翻譯歐美與日本的推理小說。對自己也動手寫過推理小說的林佛兒來說，翻譯推理小說只是推廣的一個手段，他更期待臺灣有人加入創作推理小說的行列，於是在一九八四年十一月，《推理》雜誌創刊了。

以「推理」為雜誌名稱，可以發現林佛兒打算引進一個截然不同的文學脈絡，日本原本也是直譯自英文使用偵探小說（日文為探偵小說），直到一九五六年政府為了配合當時聯合國的現代化期待，公布「當用漢字表」限定了此後在官方及公開文件上僅能使用的一千八百五十個漢字，「偵」不在其列，於是日本出版界就採用了木々高太郎原本為了「偵探小說文學化」而提議改名的「推理小說」。由於改名時間與清張的走紅時期不謀而合，於是就有偵探小說偏本格、推理小說偏社會派的詞語印象。

除了會翻譯國外的短篇推理小說外（日本為主，但歐美也在刊載行列），雜誌發刊詞也提及「期待透過這本『推理』，能培養出一批又一批的臺灣產推理作家，迎頭趕上這股世界性的潮流，以及先進、工業化國家才養得起的推理作家群」，看來似乎有些陳義過高，其實是一九八〇年代的常規操作，在那個電視、報紙都被掌握在政府手裡的年代，如果有

1984 年 11 月《推理》雜誌創刊號。

人想將自己的觀點推廣出去，或是想要召喚志同道合的人，辦雜誌是最簡單的方法，就算官方不批准，出版社也總是找得到印刷廠與通路推廣出去。

《推理》一開始還保持與純文學的彈性關係，編輯顧問成員有向陽、周寧、吳錦發、陌上桑、倪匡、島崎博、陳恆嘉、景翔等人，除了倪匡是大眾小說家、島崎博是日本書誌家也是推理雜誌編輯外，其他均為本土知名作家、編輯、譯者，就連純文學作家也會在《推理》刊載小說，如袁瓊瓊、鄭清文、司馬中原。這除了基於林佛兒本來的人脈外，恐怕也就是當我們要移植國外的花進來臺灣的時候，總需要靠著這塊土地原本的積累來接枝並培育出可以自己長大的環境，以純文學作家為中介恰好可以作為一個好的示範。

畢竟，此後《推理》開始培養起一批主要的評論者與作者之後，便發展出與創刊時期的雜誌不太一樣的風格，林佛兒原是為了推廣清張式的社會派推理而創刊，但之後的《推理》臺灣評論與作家群卻以本格派為號召，從這可以看出，《推理》雜誌成功創造了一個屬於推理小說發展的領域，並且有著自己運作的場域邏輯，也借助這個場域邏輯，在進入二十一世紀後可以開出屬於臺灣推理小說自己的花。

回顧這個時期，消費社會的雛形剛剛建立，促使臺灣的類型小說市場浮出水面，並與主流文壇發生或積極或消極的互動，無論我們如何評價這些文類或定義這個時代，它們都突破了舊有的文學想像，並跨越了既定的文學地景。正是這個時候的碰撞，才成就了如今的繁花盛開。

參考資料

葉洪生、林保淳，《臺灣武俠小說發展史》（臺北：遠流，二〇〇五）。
林芳玫，《解讀瓊瑤愛情王國》（臺北：臺灣商務，二〇〇六）。
陳國偉，《類型風景：戰後台灣大眾文學》（臺南：國立臺灣文學館，二〇一三）。
陳國偉，〈當「推理」謀殺「偵探」——一個大眾文類方法論的思考起點〉，《台灣文學研究學報》第二十九期，二〇一九年十月，頁九—三六。

10

禁忌與逃逸
美麗島事件前後的禁書故事

李淑君

專書出版的政治角力

幸好我自己也曾經在警總出版社編過《青溪》雜誌，我的老處長李世雄先生相信我的忠貞，他的一通電話要我立刻上街把發出去的雜誌，逐本撕去那篇介紹於梨華新書的文章。我和出版社的小弟，沿著重慶南路，向每一個書報攤說明，我是《書評書目》主編，裡面有一篇文章出了問題，必須撕掉，才能繼續銷售……啊，這就是台灣的七〇年代……（隱地，〈翻轉的年代〉）

一九七七年二月，《書評書目》裡有問題的文章是一篇來自香港的書評：清淮〈於梨華的新書〉。一九六〇年代，於梨華先後以《夢回青河》、《又見棕櫚．又見棕櫚》等長篇小說風靡文壇。一九七五年文革尾聲，於梨華到中國旅行探親；一九七六年，於梨華將中國見聞結集為《新中國的女性及其他》一書在香港出版。因為文章盛讚冰心與其他「新中國」的婦女工作者，被當局視為「投共」而「冷凍」，也因此，即使是書評，都成為有問題的文章。

美麗島事件前後的查禁圖書，與對「新中國」的態度有關，也與島內的「和諧」有關。一九七七年九月，吳濁流《波茨坦科長》中譯本（遠行出版），便因涉及戰後的劫收以及二二八事件，被以內容不妥查禁。一九七八年，宋澤萊在吳濁流創辦、鍾肇政主編的《台灣文藝》發表小說〈打牛湳村：笙仔與貴仔的傳奇〉，被批評為醜化臺灣社會、破壞祥和，小說集《打牛湳村》出版後，連同《台灣文藝》雜誌一起被列為軍中禁閱書刊。一九八三年，宋澤萊以二十三頁的長文〈人權文學巡禮——並試介臺灣作家施明正〉，作為施明正小說集《島上愛與死》的序言，因為將臺灣社會形容為監獄的處境，又談及監牢內的「教化」等問題，被警總認定「內容挑撥政府與人民情感，嚴重淆亂視聽」，直接導致《島上愛與死》被查禁。

一九七〇年代的臺灣婦女運動，也同樣被當局放置在相似的脈絡裡。一九七六年，拓荒者出版社成立，翻譯出版美國暢銷書《性＋暴力＝？》（*Against Our Will*），這本考察女性受害歷史的專書，在出版後隨即遭到查禁。曾以「拓荒者」為筆名的呂秀蓮表示「那個時候從事婦女運動的難度，實在不亞於政治運動」，當時的婦運被視為「意在動盪社會，尤其製造國民黨統治階級間夫妻的反目成仇，好便利於臺獨活動」。

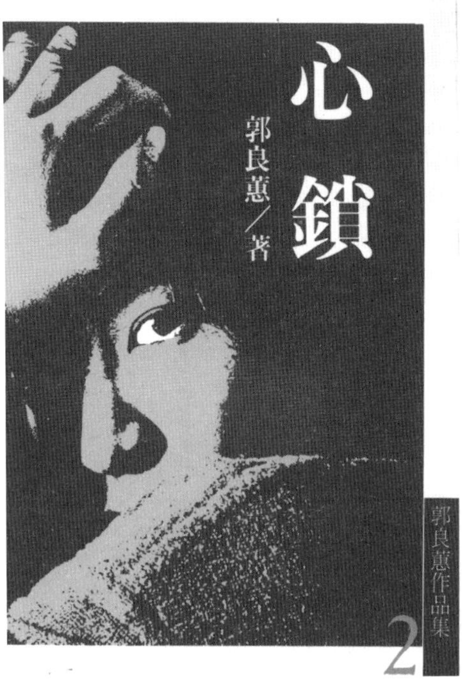

1986 年，時報文化「郭良蕙作品集」2，《心鎖》。

1985 年，李喬《藍彩霞的春天》，五千年出版社。書封上下各有「限心智成熟者閱讀」和「台灣第一部『妓女』文學」等標語。

不過，與性別相關的禁書，最常見的關鍵字還是「善良風俗」。一九八四年李喬在《民眾日報》連載《藍彩霞的春天》，寫身體被當成商品販賣的女性，在經歷痛苦、悲哀、認命，最後壓迫者起身反抗的故事，既是女性受壓迫，也是臺灣社會受壓迫的影射。小說由五千年出版社出版之後，官方以「妨害善良風俗」為由將其查禁。一九八六年，時報文化出版公司出版「郭良蕙作品集」系列叢書，一併將郭良蕙在一九六三年被禁的《心鎖》重新出版，遭到二度查禁，二度「上鎖」，直到一九八八年才由省政府新聞處發布解禁。

雜誌的不斷刊策略

一九七五年蔣介石過世，同年《臺灣政論》創刊，到一九八七年解嚴之前，政治依然嚴峻但黨外雜誌繁花盛開：《這一代》、《美麗島》、《富堡之聲》、《春風》、《夏潮》、《鼓聲》、《八十年代》系列、《關懷》、《深耕》、《生根》、《臺灣年代》、《鐘鼓樓》、《蓬萊島》、《前進》系列、「自由時代」系列、《關懷》等接續出刊。這時期的臺灣先後經歷中壢事件、橋頭事件、美麗島事件、林宅血案、陳文成命案，觸及臺灣政治議題的出版品動輒得咎，此時的政治氛圍如同黨外的一則比喻：是罩在玻璃瓶中的蒼蠅，前途看似一片光明卻找不到出口，充滿可能卻又壓抑苦悶，黨外雜誌在出版、查禁、接續出版的情況下突破重圍。

一九七七年創刊的《這一代》因〈特權向法律挑戰〉的社論，遭停刊一年的處分。一九七九年《八十年代》因禁書與言論自由、臺灣前途、民主教育危機等議題而遭停刊。同年標示「新生代政治運動」的《美麗島》雜誌創刊，多次刊載黨外活動、黨外政論，後遭查禁而停刊。陳鼓應創辦《鼓聲》雜誌，有〈「民主牆」與「愛國牆」〉一文記錄「民主牆」與「愛國牆」論戰；宋澤萊〈該是農民說話的時候〉討論農業、農村、農民等議題；許達然〈從諺語看臺灣史〉深化本土文化，《鼓聲》在創刊號後即遭查禁。標榜「社會的、鄉土的、文藝的」《夏潮》，強調第三世界視角與工農議題，於一九七九年遭停刊處分。《春風》重視工農權益，強調「永不妥協地站在自由民主這一邊，義不容辭地承擔起自己的一份社會責任，和大家共同努力奮鬥」，然而一九八〇年三月第二期則因為美麗島事件而遭停刊處分。一九八〇年林宅血案後，七月《暖流》甫出刊即遭停刊一年、九月《鐘鼓樓》創刊號仍在印刷廠裝訂即被查扣。

面對連綿不斷的查禁與停刊，黨外雜誌發展出從監控查禁中逃逸的策略。例如鄭南榕創辦雜誌，便向親友借用大專畢業證書來當雜誌發行人，預先登記多張雜誌執照，使得一九八四年創刊《自由時代》系列週刊不會因為遭到警備總部停刊而斷期，陸續以「先鋒時代週刊」、「開拓時代週刊」、「民主天地週刊」、「公論時代週刊」等，換名稱不換版型，自一九八四年三月到一九八九年十一月連續發行五年八個月，共計三百零二期，歷經四十次停刊、百餘次查禁，卻依然持續不斷出刊。隨後由許榮淑接辦《深耕》、康寧祥的《八十年代》系列、《新潮流》等雜誌紛紛跟進此方法。黨外雜誌在查禁嚴峻局勢下闖關突圍，不因查禁停刊而斷期的行動策略，也展現了「大江東流

1985 年 4 月，鄭南榕總編輯，《民主天地週刊》第 5 期，自由時代系列總號第 56 號。

1988 年 5 月《台灣新文化》20 期「我們看到了獨立」專輯，為雜誌的最後一期。發行人王世勛，社長林文欽。

擋不住」的氣勢。

一九八〇年代遭查禁的還有《台灣文藝》、《台灣文化》、《台灣新文化》等文化雜誌。《台灣文藝》一九六四年由吳濁流創辦，一九八三年由陳永興接辦，一九八四年第九十一期「王詩琅專輯」遭查禁。這一期有林雙不〈大學女生莊南安〉、王世勛〈土地〉、明哲〈獄中回憶〉等作品，其中明哲為柯旗化之筆名。

一九七六年出獄的柯旗化，在書店看見《台灣文藝》有多首批判政府的政治詩，因此萌生以筆為刃的想法，除寫作支援外，另在一九八六年六月創辦《台灣文化》季刊，與陳芳明在美國主編的《台灣文化》雙月刊，攜手合作，互通有無。《台灣文化》季刊創刊號以〈美麗島的春天〉為刊頭詩，期許「從此人人自由／從此人人平等」；一九八七年第四期因為刊登悼亡詩〈母親的悲願〉與社論〈二二八事件的反省〉觸及二二八議題，加上〈黨化教育與民主教育〉和〈國民黨會放棄校園控制嗎？〉批判國民黨政權的教育政策，遭到查禁。

當高雄「第一出版社」催生了《台灣文化》季刊，臺北則有「前衛出版社」支援《台灣新文化》月刊的創辦。相較於柯旗化的「謹言慎行」，以林文欽、宋澤萊、利錦祥、林雙不、高天生、王世勛為主的編輯群更加「有話直說」。一九八六年九月創刊的《台灣新文化》，既宣傳「臺灣民族主義」又推動「臺語文字化運動」，陸續刊有吳濁流觸及二二八事件的《台灣連翹》（節選）、林雙不長篇小說《決戰星期五》（節選）、宋澤萊的臺語小說〈抗暴个打貓市〉、林央敏寫獨裁者之死的〈大統領千秋〉等小說，創下印行二十期，被查禁十六期的紀錄。

鍾肇政主編期間的《台灣文藝》（一九七六—一九八二）影響了柯旗化，也影響了呂昱。呂昱在一九八四年出獄前，曾以筆名莩歌在《台灣文藝》發表小說〈畫像裡的祝福〉。一九八六年十月，呂昱創辦《南方》雜誌，以第三世界的全球南方觀點為核心，作為學運的平臺，既讓學運發聲，也讓各種「反省」的聲音得以在這個雜誌平臺上對話。為了讓校園間的資訊更快速流通，《南方》雜誌在一九八七年三、四月陸續編製《南方增刊》免費贈送讀者，引起大學行政人員和教官群的抵制，隨即收到臺北市政府新聞處公文要求停止散發。

解嚴就解禁了嗎？

一九八七年七月臺灣本島解嚴，但直至一九九二年刑法第一百條修正，才終結臺灣的白色恐怖時期。因此一九八七年解嚴，並不意味言論真正自由與民主。例如呂昱策劃，由鍾肇政的台灣文藝社出版的《金陵春夢》八冊，由於為國民黨和蔣家如何失去大陸，提供了一個八卦版的非官方說法，因此在一九八七年雙十節出版後，即遭新聞局控告；一九八八年，《台灣新文化》因刊登史新義〈我們都是台灣民族的兒女（上）——台灣民族與台灣民族主義發展簡史〉與林旺〈誰的國文？誰的歷史？——從國中、高中課本看國民黨洗腦術〉，被以「散布分離意識，鼓吹臺灣獨立，煽動他人觸犯內亂罪，違反出版法規定」為由，予以停刊六個月處分。

一九八八至一九八九年間，謝里法《重塑台灣的心靈》（自由時代出版社）、陳芳明編著的三書《二二八事件學術論文集》、《在美麗島的旗幟下：反對運動與民主台灣》與《在時代分合的路口：統獨論爭與海峽關係》（前衛出版社）皆遭到查禁。一九八九年，黑名單工作室《抓狂歌》臺語專輯中的〈民主阿草〉一曲，歌詞寫道「歸路的警察與憲兵」，因飽含政治批判而遭禁播。同年，鄭南榕因刊登許世楷〈台灣共和國新憲法草案〉，被控「涉嫌叛亂」遭法院傳喚，為爭取百分之百的言論自由，鄭南榕在四月七日自焚，以肉身對抗政治監控與言論查禁。

1988 年，香港三聯書店出版的端木蕻良、蕭紅、鄭振鐸等「中國現代作家選集叢書」，來臺後仍被貼上「特種資料／限制閱覽」。（圖片來源：張俐璇攝自臺大圖書館）

一九九〇年代發展的同志、情慾議題，也尚在解嚴後面臨監控。一九九五年，陳雪的第一本小說集《惡女書》由皇冠出版社出版，便被要求以膠膜包覆，並標注十八歲不宜等字樣。一九九六年，由正傳公司出版的「國內第一本探討性心理醫學書籍」《性幻想》遭臺北市政府新聞處查禁；同年創刊的男同志雜誌《G&L熱愛》，內容亦曾遭舉發。憲法賦予人民的出版自由，一直要到一九九九年《出版法》廢止才落實。

回首美麗島事件前後的出版來時路，出版史、閱讀史與查禁史三者相互影響，在疊床架屋的查禁法規與政治控制中闖關與逃逸，出版行動與政治突圍並進，在政治高壓下，展現出版策略的動能與接續不斷的戰鬥。

參考資料

新台灣研究文教基金會，美麗島事件口述歷史編輯小組編，《走向美麗島：戰後反對意識的萌芽》（臺北：時報文化，一九九九）。

廖為民，《我的黨外青春：黨外雜誌的故事》（臺北：允晨，二〇一五）。

廖為民，《解嚴之前的禁書》（臺北：前衛，二〇二〇）。

廖為民，《國民黨禁書始末》（臺北：前衛，二〇二一）。

鄭順聰，〈在台灣文化的最前端——前衛出版社〉，《文訊》第三〇九期，二〇一一年七月，頁三八三—四〇〇。

隱地，《漲潮日》（臺北：爾雅，二〇〇〇）。

宋澤萊，〈談台灣文學系所以及愛荷華國際寫作班〉，「台文戰線」部落格，二〇一六年二月十八日張貼，https://twnelclub.ning.com/profiles/blogs/3917868:BlogPost:38342。

陳正維，《「拓荒者」的多重實踐：論七〇年代婦運者與女作家的書寫／行動》（新竹：國立清華大學台灣文學研究所碩士論文，二〇一二）。

李靜玫，《《台灣文化》、《台灣新文化》、《新文化》雜誌研究（一九八六．六—一九九〇．十二）》（臺北：國立編譯館，二〇〇八）。

王信允，《書寫發聲與運動實踐：解嚴前後《南方》的邊緣戰鬥與文化批判》（臺中：國立中興大學台灣文學與跨國文化研究所碩士論文，二〇一四）。

張海靜，〈自由與挑戰：《出版法》廢除後的觀察與思考〉，《文訊》，一九九九年一月，頁一一二—一一五。

本文感謝禁書作家廖為民、南方雜誌社創辦人呂昱接受訪談，拍字文化工作室黃佳平騰打逐字稿。

11

現實感與小奇蹟
從新興詩刊到文學雜誌

楊宗翰

珍貴的「在野」特質

相較於其他類型的刊物，堅持「在野」允為臺灣現代詩刊最珍貴的特質。印量偏少與流通困難，讓詩刊在出版市場從未獲得過巨大成功；但就算再怎麼艱辛，詩刊仍然坦蕩走著非主流路線且屢仆屢起，為小眾讀者守護一方詩歌園地。

據張默編《台灣現代詩編目》所錄，自一九五一至一九九一年，這四十年間臺灣竟誕生了超過一百五十種現代詩刊。若以本書第三篇「冷戰後期」為時域起迄依據，從一九七九年《掌門》、《陽光小集》創刊到一九九一年《蕃薯詩刊》與《世界詩葉》問世，統計這段期間共有五十六種詩刊崛起，數量不可謂之不多。

這些詩刊與一九五〇、六〇年代創

辦的《現代詩》、《藍星》、《創世紀》與《笠》四大老牌詩刊，同樣起於民間、自發而生，並未接受官方（或「在朝」）施捨或恩澤，也不曾衷心信奉過什麼文藝政策。身居「在野」發言位置的這些詩刊，多數由「戰後世代」青年詩人創辦，大抵皆致力於重振民族文化，嘗試回歸鄉土與關照現實。自七〇年代起，歐美現代主義美學及其價值判準屢遭抨擊，前行代詩人筆下的蒼白淒清與晦澀詩風更常成箭靶。與之恰為對照的，是戰後世代詩人在這些詩刊上呈現出的民族性、社會性及世俗性。雖然同為抗衡官方「在朝」力量的民間「在野」發聲，但路線與訴求實已與前行代詩刊迥然有別，故應命名為「新興詩刊」，以利辨識及區隔。

這類新興詩刊的誕生，有著特殊的時代背景。臺灣走過七〇年代的外交困局（退出聯合國、臺美斷交、臺日斷交等）與內部變貌（政府推動十大建設、爆發美麗島事件等），在國族危機、民主衝擊與經濟發展的交互影響下，激發了振興傳統與省思自身的改革意識。此時的詩創作亦嘗試擺脫過往現代主義之晦澀風格，日趨靠向現實主義之明朗訴求。到了八〇年代，由於白領階級勃興、文教日漸普及，加上舉國朝向都市化發展與區域化集中，造就了人文情境的不變與民間社團的競起，亦對自由民主、生態保育、勞工安全、社區發展等重大議題皆勇敢提出主張（譬如隸屬行政院的「文化建設委員會」、民間自發的「消費者文教基金會」皆於此時成立）。而最關鍵的，無疑是一九八七年的解除戒嚴與一九八八年的開放報禁。戒嚴令在臺灣省全境持續了三十八年又五十六天，在「前線」金門與馬祖更長達四十三年。報禁則將所有報紙限證為二十九家，每份限制三大張且限印於發行地點內。

值得注意的是：早於解除戒嚴與開放報禁之前，便可見到現代詩人積極以筆端或行動介入的痕跡。他們或直接參與黨外民主運動，或特意考掘三〇年代的中國新詩左翼系譜，或翻譯外國弱小民族作家代表性詩篇。在臺灣社會劇烈變動的八〇年代，戰後世代詩人與其所辦的新興詩刊，其實一直都在，未曾缺席。以政治詩為例，彼時非文學刊物如《八十年代》、《關懷》、《暖流》、《夏潮論壇》或《台灣新文化》均登載過政治詩，文學刊物如《臺灣文藝》也製作過政治詩專輯。而以詩或論勇敢挑戰言論尺度、涉入敏感議題的新興詩刊，如《陽光小集》第九期、《掌握》第十、十一期合刊及每一期的《春風》詩叢刊，也都遭受警備總部和新聞局的蠻橫查禁。最悲劇的一幕出現在一九八〇年：組織「神州詩社」及印行《神州詩刊》等多部出版品的靈魂人物溫瑞安、方娥真，被執政當局指控「為匪宣傳」，遭逮捕後強制驅逐出境。儘管如此，新興詩刊作為民間重要的「在野」發聲，解除戒嚴或開放報禁之前、之後都未曾斷絕。

1984 年 6 月《陽光小集》第 13 期「政治詩」專輯，發行後停刊。

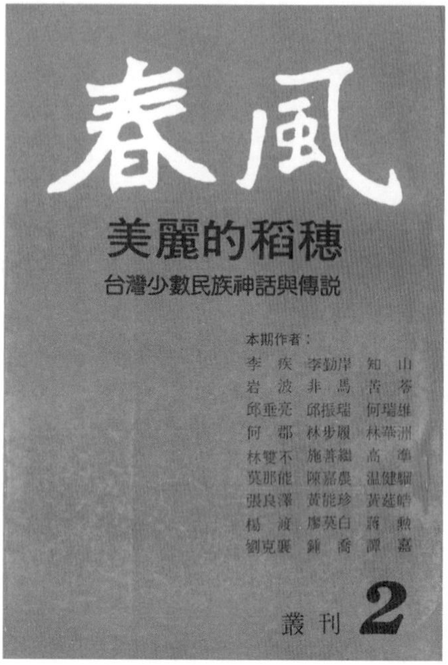

1984 年 7 月《春風》詩叢刊第 2 期「美麗的稻穗：台灣少數民族神話與傳說」。

深具現實感的新興詩刊

新興詩刊訴求多元，各有主張。其中最具代表性者，依照創設年份先後，至少可以舉出以下十家：《陽光小集》（一九七九）、《漢廣》（一九八二）、《春風》詩叢刊（一九八四）、《四度空間》（一九八五）、《詩評家》（一九八五）、《地平線》（一九八五）、《兩岸》（一九八六）、《新陸》（一九八七）、《薪火》與《曼陀羅》（一九八七）。略述如下：

（一）《陽光小集》：原有向陽、李昌憲、陌上塵等八位同仁，自第五期改版為詩雜誌並發展多媒體傳播路線後，同仁數迅速膨脹至四十五位。這些成員包括報導文學家、散文家、小說家、民謠推廣者與漫畫家，有意打破「詩人才能參加詩社」的刻板印象。該刊努力將詩與其他媒介連結，遂有「詩畫展」、「漫畫家看詩壇」、「當代詩與民歌之夜」等設計。

（二）《漢廣》：名稱源於《詩經》「漢之廣矣，不可泳思」，道出男子追求女子的情思。社長路寒袖於發刊詞中說，「漢廣」二字為「發抒中華民族之情思，廣大包容各種風格」，點出「漢廣」的古典意味與包容性。成員多來自東吳大學，但也有輔仁大學、文化大學等其他大專院校學生。

（三）《春風》詩叢刊：發起人有楊渡、詹澈、鍾喬等，期望能以詩歌改變社會，從發刊詞〈「詩史」自許．寫出「史詩」〉可知《春風》的自我期許。《春風》詩叢刊一共發行過四期，每期均以專輯方式呈現，分別為「獄中詩特輯」、「美麗的稻穗：台灣少數民族神話與傳說」、「海外詩抄」、「崛起的詩群：中國大陸朦朧詩專輯」。這些規劃都碰觸到解嚴前的政治敏感神經，導致每期都遭查禁，無一例外。

（四）《四度空間》：發起人為林婷、林燿德等。刊名代表了在立體空間加上時間延續，形成了「四度空間」；或可認為「四度空間」立足於現實關懷，前瞻未來思潮。創刊號載有林婷〈八〇年代的詩路〉一文，文中寫道「我們可以從我們生長的領域來尋找題材……在八〇年代能夠延續傳統新詩優點並融合更多前衛性的思想」，可以看出其奮進之心及前衛視野。

（五）《詩評家》：開本小、頁數少，評論數量亦遠多於（幾乎不刊的）詩作，這樣還算是一份詩刊嗎？《詩評家》以月刊形式面市，卻直言「對前途沒有把握暫不接受長期訂戶」，最後果然不幸言中，短命告終。第一期「席慕蓉論戰專輯」與第二期「一九八三臺灣詩選專輯」，所刊或轉載文章都引起不少爭議。編輯部規劃之「詩刊評」、「詩人評」、「詩集評」三欄皆饒富特色。

（六）《地平線》：由許悔之、陳去非等人創立，同仁橫跨多所學校，群體色彩較為淡薄。發刊詞寫道：「地平線是一個自由、開放的群體……我們不強調社性。」這樣的宣言呈現了濃厚的詩人個體性特色，與七〇年代前行代迥然不同。

（七）《兩岸》：主要成員為苦苓、蔡忠修、天洛、徐望雲等。特別重視詩評論，開闢「詩評詩」、「評詩評」、「詩論詩」、「名詩會審」、「詩謎」、「詩評家」、「詩論述」等欄位，強調批判、不避爭議，迅速引起文壇人士側目。創刊號〈編輯報告及稿約〉寫道：「詩作只占三十七頁，不到全書的四分之一，我們希望給讀者多看一點和詩有關的其他東西，尤其是評論。」第二跟第三集《兩岸》皆維持著「論多、詩少」之特色。

（八）《新陸》：名稱取自「詩之新大陸」之意，期待有更多喜愛詩的人，能夠一同至此新園地耕耘。王志堃、牧霏、紀小漾等人皆曾擔任詩刊主編。第五期起改為「革新版」，刊名亦變更為《新陸現代詩誌》。

（九）《薪火》：創辦人為李秋萍、陳皓、顏艾琳等。抱持「有機的統一」理想，以延續優良民族詩風，發表優秀現代詩為目的。創刊號（第零期）跟第一期封面用書法字和木刻版為設計元素，古典風格強烈；其後開本大小與封面樣貌屢有變化，越趨朝向前衛邁進。

（十）《曼陀羅》：為解除戒嚴後第一份新創詩刊。從一九八七年至一九九一年，總共十期的《曼陀羅》皆秉持創刊詞中所言：「強調詩作品本身藝術表現的精緻與藝術層次的提升。」特殊開本、精美設計、燙金燙銀……在在都讓《曼陀羅》成為臺灣詩刊史上勇於迎向商業市場挑戰的罕見例子，傳達出彼時詩人對中產階級品味及美感的想像。

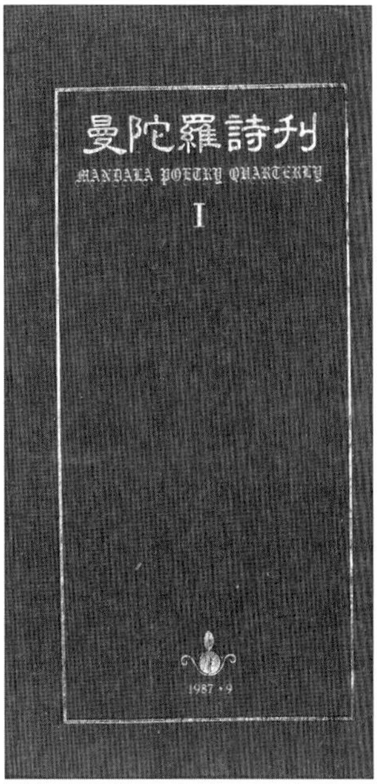

1987 年 9 月《曼陀羅》詩刊創刊號。

以上各家新興詩刊面貌不一，譬如既有以特殊開本、燙金燙銀來面對商業市場的十期《曼陀羅》，也有大膽探索過往言論禁區、在戒嚴末期還全數遭禁的四期《春風》。散發中產階級品味的《曼陀羅》，跟心懷社會改革使命的《春風》，雖然路徑殊異，在彼時臺灣竟然能夠奇特地並存無礙。這些新興詩刊勤於溝通，願對讀者及時代的需要積極回應，譬如《陽光小集》力推的「詩與漫畫」或「詩與民歌」，以及《兩岸》所倡「跨界詩」創作（如畫家李永平「用畫筆所寫的一首詩」或以〈廣告詩人王定國〉介紹小說家王定國所撰房地產廣告）。

貫穿這些新興詩刊的共通處，當屬願意直面當下、正視需求的「現實感」。現代詩至此逃離了極端晦澀或過度直白的末路，也不再總是形貌模糊、高高在上卻與「人」無關。不斷冒現的各家新興詩刊，正面迎向臺灣社會的改變與詩歌讀者的需求，並且能夠嘗試以不同形式或樣貌，來滿足這些改變及需求。可惜這些深具現實感的新興詩刊，存續時間偏短，出刊頻率不定，導致其被關注或被討論之程度，遠不及龜壽鶴齡的《現代詩》、《藍星》、《創世紀》與《笠》四大老牌詩刊。

文學雜誌的存在奇蹟

約莫和新興詩刊同時期存在的專業文學雜誌，可以說是彼時臺灣邁向工商業社會轉型下的小奇蹟。這類型刊物比各家詩刊的規模和印量都要大上許多，又要秉持以「文學」為專業，維繫與經營都十分不易。八〇年代創辦的專業文學雜誌中，能真正堅挺地存活到現在的，僅剩《文訊》與《聯合文學》兩家而已。《文訊》創於一九八三年，《聯合文學》創於一九八四年，若再加上更早的《幼獅文藝》（一九五四）和《印刻文學生活誌》（二〇〇三），這四家於今猶存的專業文學雜誌，確實堪稱是此領域中的「四小天王」。

《文訊》是由國民黨中央文化工作會創辦，就像《幼獅文藝》是由中國青年寫作協會

1984 年 11 月《聯合文學》創刊號。

1983 年 7 月《文訊》創刊號，封面人物右為五四時期作家蘇雪林，左為日治時期作家王詩琅。

創辦一樣，無須諱言從一開始便有濃厚的官方色彩。不過正因為《文訊》的自我定位是在「為文藝作家服務」、「蒐集整理文學史料」與「為文學歷史奠基」，加上長期報導作家創作與活動，完整呈現當代藝文與出版資訊，短短幾年間就做出成績，得到文藝界與學術界的普遍肯定。該刊每期的專題企劃，都在探討不同階段的文學發展，或將各個階段的作家作品、學術思想記錄下來；又因為重點始終聚焦於現當代臺灣文學的整理與研究，讓這份刊物在「四小天王」中與學術界最為靠近。二〇〇三年一月，國民黨宣布停止對《文訊》的支持。後者並沒有像系出同門的《中央日報》那樣投降，反而是由民間人士自發組成「財團法人臺灣文學發展基金會」，尋找一切可能資源來維繫，繼續以月刊形式直接面對市場嚴峻考驗。

晚一年誕生的《聯合文學》，出自王惕吾任董事長的聯合報系。正式創刊首期便引起廣泛注意與創造銷售佳績，自此奠立了堅實基礎。該刊涵蓋面廣泛，舉凡中國古典文學、現代文學創作、國際文壇動態、世界文藝思潮、對岸文壇實況，及各類型文學批評、史話與書評等均在其列。《聯合文學》尤其重視優質文學創作，許多臺灣或海外的經典之作，都選擇在該刊版面首次發表。過往曾經每年舉辦的「聯合文學小說新人獎」，提攜了多位文壇新秀，如吳錦發、王文華、王湘琦、郝譽翔、邱妙津等都出身自該獎，之後並透過作品結集出書，逐漸為坊間讀者熟識。長期經營的「全國巡迴文藝營」更是影響廣大、參與者眾，文藝營隊學員的優秀作品亦有機會刊登於《聯合文學》。這份專業雜誌主張「文學不應只是少數文學人口的奢侈品，而應是全民生活的必需品」，帶有將文學普及化的壯志。但在經營考量下，二〇一三年《聯合文學》雜誌還是併入聯合報系關係企業、一九七四年創辦的聯經出版公司。此後《聯合文學》繼續以出色的企劃與活潑的版面，迎接新時代、新讀者與新挑戰。專業文學雜誌的小奇蹟，依然還在上演。

參考資料

張默編，《台灣現代詩編目（一九四九－一九九五）》（臺北：爾雅，一九九六，二版）。

楊宗翰，〈一九七〇年代台灣新興詩社／詩刊特質析論〉，收入楊宗翰編，《交會的風雷：兩岸四地當代詩學論集》（臺北：允晨，二〇一八），頁二七二－二七三。

楊宗翰，〈一九八〇年代台灣新興詩社／詩刊特質析論〉。楊宗翰：《破格：台灣現代詩評論集》（臺北：五南，二〇二〇），頁三－三〇。

延伸閱讀

「風起雲湧的七〇年代：台灣現代詩社與詩刊」系列專題（始於《文訊雜誌》第三七五期，二〇一七年一月）。

「崛起的群星：一九八〇年代台灣現代詩社與詩刊」系列專題（始於《文訊雜誌》第三八九期，二〇一八年三月）。

12

從個人到集團

他們如何用書本改變視界

趙慶華

在長達三十多年的戒嚴期間，臺灣的出版業，雖難以完全掙脫黨國力量的干預，但在官方掌握不到的縫隙裡，作家、出版人總能伸展拮抗的枝椏，以幽微的姿態進行衝撞。一九七〇年代，隨著九年國教的實施，中文閱讀市場逐漸成熟；此時成長起來的嬰兒潮世代知識階層普遍經歷「覺醒」的過程，深刻體悟到直面臺灣現實、尋求社會改革的意義，「出版」成為他們行動的方式之一，因而催生大量本土人文出版社，也造就出版業世代交替的風潮，此即隱地所謂：「年輕是（民國）六十年代中期臺灣出版業的特色。」正因為年輕，這些活力充沛的出版人，憑藉著創意與衝勁，構思不同於以往的經營策略，為臺灣出版撒下百花齊放的種子。

根據統計，在一九七〇到一九七九的十年間，臺灣出版社由一千三百五十一家增加到一千八百五十八家；一九八〇到一九八九年，則由二千零十一家增加到三千四百四十八家，換句話說，平均每十年出版社數量成長一倍。與此同時，圖書出版品也大幅提升，一九七〇年代平均每年出版八百多冊圖書，到了一九八六年，已突破萬冊；一九九〇年代，每年新書更高達四萬多種。而在「量」的增加之外，出版的「質」亦同步提升。早期以少數外省文化菁英為主導的出版生態不再，取而代之的是群雄並起、另創新局；年輕出版人站上檯面，扮演主導或影響出版業的關鍵角色；民間出版社取代前此具有官方色彩的出版機構，在臺灣出版史上留下深刻軌跡。例如有著初生之犢不畏虎的氣勢的遠景、遠流、桂冠、晨星等出版社，以及隸屬兩大報、一登場便氣勢恢弘的聯經、時報文化。

沈登恩與遠景出版社

講到「遠景」，很多人會把它跟已經離世的「沈登恩」畫上等號；但「遠景」並非一開始就是「一人出版社」，除了沈登恩之外，還有兩位創業夥伴：鄧維楨與王榮文。

沈登恩出身嘉義農家，就讀嘉義高商期間，曾經擔任救國團主辦刊物《嘉義青年》主編，累積了不少編輯經驗。高商畢業後，先在嘉義明山書局工作，後來北上任職晨鐘出版社，在這裡學到發行與行銷的訣竅。而王榮文與鄧維楨兩人則是結緣於教育部刊物《海外學人》，王榮文在政大念書時曾是該刊記者，當時的總編輯正是鄧維楨。幾年後，王榮文退伍，鄧維楨找他一起創辦《太平洋》雜誌，只做了兩期就因為情治單位的關切而停刊。因緣際會，三人在一九七四年三月集資四十五萬元，創辦了「遠景出版社」。

遠景成立之初，臺灣正值外譯作品風行，他們根據過去的經歷和對趨勢的觀察，擬定出版策略：每兩本書當中一定要有一本是臺灣作家作品。創社之作便以傑克・倫敦《生命之愛》、歐尼爾《開放的婚姻》，以及黃春明的《鑼》、《莎喲娜啦・再見》打頭陣。推出後市場反應良好，甚至還掀起一股「黃春明旋風」，讓作家的知名度在短時間內大幅提升，可以說是相當成功的嘗試。沈登恩對文學情有獨鍾，平日勤於蒐集作家資料、敏於觀察文壇動向，加上總是以最勤奮而快速的行動向作家約稿，因而能夠打動作家、搶得先機，例如陳若曦的《尹縣長》、陳映真的《將軍族》，都是他們的第一本書；或是鹿橋《人子》、劉大任《蜉蝣群落》，則是作家在臺灣所出版的第一本書。更不要說王禎和、七等生、白先勇等人在遠景出版的作品，已是讀者心目中的經典之作。除了主題內容之外，遠景的另一項創舉是將封面設計視為藝術創作，並以彩色書封取代過去多為單色調的做法，獲得讀者及同業相當大的迴響，此後，彩色封面成為主流，出版品有了截然不同的面貌。

天時、地利、人和的匯聚，讓「遠景」在各方面都堪稱當時出版界的佼佼者，其中尤其值得一提的是開風氣之先，大規模出版臺灣本土作家作品，包括「鍾理和全集」、「吳濁流全集」、「吳新榮全集」等；並在充滿禁忌、資料難尋的年代，邀請鍾肇政、葉石濤掛名主編，出版「光復前台灣文學全集」，為臺灣文學研究打下穩固的基礎。在此之後，又陸續出版李喬、鍾肇政、宋澤萊、王拓、洪醒夫等資深臺灣作家的作品。

1977 年，張良澤編「吳濁流作品集」3，《波茨坦科長》，遠行出版社。

此外，遠景可能也是最早用「書系」、「全集」的概念來規劃出版方向的出版社，其書系基本上是以作家來命名，例如「林語堂作品集」、「高陽作品集」、「七等生全集」等；沈登恩認為，出版作家全集或作品集，「才能經營作者的出版生命，或是給予一個議題足夠豐富的累積，禁得起再次的行銷」。從這段話可以看出，「全集」或「書系」的規劃，基本上潛藏著行銷手法的運用；沈登恩一直想打破在此之前缺乏效率的出版作業模式，強調「一個出版社必須走全盤的企業化經營」，而獨立書系的設立，乃至於「為一個書系成立一個出版社」的想法，恰好符合他心目中一個出版社理想的規模，也說明了為什麼他後來又成立了專門出版臺灣文學作家作品的「遠行出版社」。

遠景所秉持「出版品應該經過設計、企劃而產出，從出版到發行都有縝密的流程」的原則，漸漸為其他出版社所採用，帶動業界對績效與銷售數字的重視，同時也預告臺灣出版產業集團化、組織化時代的來臨。

王榮文與遠流出版公司

1975 年，吳祥輝《拒絕聯考的小子》，遠流出版社。（圖片來源：曾怡甄攝自臺灣文學館）

一九七五年，王榮文自創出版品牌「遠流」，他深諳「銷售」才是王道，一出手便是重磅級的薇薇夫人《情感與人生》、吳祥輝《拒絕聯考的小子》，為遠流打下穩固江山，也讓他有更多餘裕在編輯內容和發行、銷售等各方面嘗試創新與變化。

在起步階段，遠流的經營基本上仍採傳統手法，隨著社會整體對於閱讀的需求越來越多元，開始走向多樣性、綜合性的路線，除了一般圖書，更開發工具書、漫畫、兒童讀物等不同類型的出版品。一九八〇年李敖主編的三十一冊《中國歷史演義全集》，憑藉著報紙廣告的大肆宣傳，一年內便有數萬套的銷售量，充分反映了那個年代紙媒的強勁力道，也讓出版界見證善用行銷推廣的重要性，活絡的通路、活潑的手法，才能為圖書的銷售注入新的可能。此外，這套全集也讓臺灣進入「大套書時代」，經濟富裕之後，許多人開始願意花錢添購大部頭圖書作為文化氣質的裝飾，此即家家戶戶客廳中「酒櫃變書櫃」風氣的由來。

王榮文從不諱言出版社應該以營利為目的，因為「只有越出版有影響力的書，越賺錢，才會越受尊敬」。這樣的思維，驅使他大膽衝刺，擴充出版社規模，廣泛開發各種「書系」——從一開始的「社會趨勢叢書」、「大眾讀物叢書」、「實戰智慧叢書」，到後來升格以「館」來命名：兒童館、小說館、勵志館、電影館……每一間「館」都是一個獨立書系，既有普及性的大眾化讀物，也不乏與學術界、藝術界合作出版經典著作。一九九〇年代初期，在臺灣本土化浪潮中誕生的「台灣館」，以富有深度的精緻手法自製臺灣歷史、旅遊、自然山林、生態等主題的出版品，更可以看出王榮文務實經營之外，具有理想性的一面。

隨著網路時代的到來，經過將近半世紀的耕耘，現在，點開「遠流出版公司」網頁，會在首頁看到「遠流博識網」、「科學人」、「智慧藏百科全書網」、「華山１９１４」等九個欄目，這說明了當讀者的閱讀習慣、傳播媒體，以及行銷通路都已經發生急遽變化，多角化經營的遠流雖然沒有發展為股票上市公司，卻早早地回應了時代風氣，將傳統與現代出版型態整合，轉型為紙本、數位、空間三合一的知識傳播集團。

桂冠與晨星

事實上，像沈登恩、王榮文這樣，以個體戶之姿或少數人集結在出版江湖闖蕩出一番局面者，在當時並非罕例。例如二〇二二年三月宣告熄燈的桂冠出版社，就是在一九七四年由賴阿勝隻手創辦。本身僅有高職學歷卻熱愛文學的賴阿勝，一開始就規劃「世界文學名著」、「桂冠叢刊」、「新知叢書」等書系，顯見其恢弘的出版抱負；其後更在學者楊國樞的鼓勵下，提出「知識的燈塔，文化的桂冠」口號，陸續譯介西方哲學、當代思潮、心理等文史哲書籍，將眾多西方明星級的思想家如羅蘭．巴特、傅柯、李維史陀等人，引進臺灣，澆灌無數年輕學子的知識心靈。主要出版翻譯書籍，前後出版超過兩千冊圖書的桂冠，先是在一九九二年的「六一二大限」時由於版權問題一度陷入困境，雖然轉型成功，但仍然不敵閱讀風向轉變，經營逐漸吃力，後來賴阿勝乾脆將出版社搬回苗栗三灣老家，以極簡的模式運作。二〇一九年賴阿勝因意外身故，也就此埋下桂冠出版社黯然退場的種子。

另一個例子，則是走向與桂冠截然不同的晨星出版社。陳銘民一開始是對「賣書」有興趣，獨自摸索出能吸引讀者買書的訣竅之後，才起心動念自己印書、自己出版，從而成立「晨星出版社」。這個與眾不同的起點，讓他很早就注意到出版社與經銷通路之間的密切關聯，因此相繼成立知己圖書股份有限公司與知文印刷設計公司，從上游的生產到下游的銷售均一手包辦，有效整合出版資源，公司得以穩健成長。除了經營方式的獨特性之外，晨星也

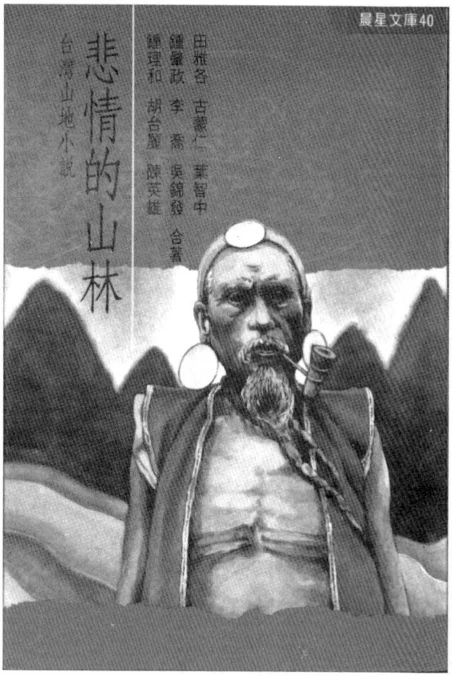

1987 年，吳錦發《悲情的山林》，晨星出版社。

是最早出版原住民文學的出版社——從一九八七年吳錦發主編《悲情的山林》、《願嫁山地郎》開始，到發掘出版莫那能《美麗的稻穗》、拓跋斯・塔馬匹瑪（田雅各）《最後的獵人》，其後陸續出版數十部原住民作家作品。在那個許多人對於「原住民文學」還無所知悉的年代，陳銘民率先設立「台灣原住民文學」書系，不但鼓舞了為數不多的原住民書寫者，亦與一九八〇、九〇年代風起雲湧的原住民族平權運動形成呼應。作家們透過書寫提出平權訴求，而原住民文學的獨特與珍貴，也在臺灣文學場域中被保存與被看見。

兩大報及其出版

在此同時，以財力相對充足的報社作為支撐的聯經與時報文化，由於擁有較為豐厚的資源，規模得以迅速擴充，逐步往集團化與組織化的方向發展。

1979 年，高上秦主編《時報文學獎》，時報文化出版。（圖片來源：曾怡甄攝自臺灣文學館）

1976 年，馬各主編《小說潮：聯合報第一屆小說獎作品集》，聯合報出版。（圖片來源：曾怡甄攝自臺灣文學館）

「聯經出版事業公司」的「聯經」二字來自於《聯合報》與《經濟日報》的字首，一九七四年五月在創辦人王惕吾的支持下成立；特別的是，這是聯合報系關係企業中首先有外資加入的事業體。其初衷乃是希望以學術出版回饋社會，達成思想和文化教育的普及；因此發展走向較為嚴肅，甚至設有編輯委員會針對學術著作進行審查，並自許為出版文史哲經典、古籍史料的重鎮。當然，多元書系已是時代趨勢，故而商管實用、文學與生活、當代西方思潮等叢書也沒少過。

至於時報文化出版公司，同樣是在報系老闆余紀忠的指示下，基於「文化傳承」的理念在一九七五年成立。時報文化的前十年，大抵是「人間副刊」風格的延伸。一九八五年財務獨立後，資深出版人周浩正提出「強勢經營」方針，其後又有郝明義致力開發 next、big、藍小說、發現之旅等嶄新書系，再度帶動臺灣出版業對於「書系」的深度思考。而最重要的轉折點應該是出現在一九九〇年代後期——首先是在孫思照與莫昭平的帶領下，擘劃經營策略、尋找競爭優勢，讓時報文化開始走向現代化與企業化。一九九九年，「為了出版更多的好書」，時報文化成為華文世界唯一一家股票上櫃的出版社，書系增加到兩位數、重磅級出版品更是不可勝數。因著股票上櫃，經營壓力隨之而來，同時兼顧「暢銷書」與「好書」在市場上的地位，成為每一個編輯的使命。

九〇年代以降出版社的集團化

當圖書銷售的數字成為出版社能否經營下去的重要指標，加上大型連鎖書店如金石堂及其首創暢銷書排行榜的出現，臺灣的出版業無可避免地走向市場導向，書籍成為競爭激烈的商品。當商業經營邏輯成為王道，對於微型或小型出版社來說，加入集團或參與組織，才能擁有更為有利的生存條件。

臺灣最令人矚目的出版社組織化與集團化的例子，就是一九九六年由詹宏志策劃的「城邦出版集團」，共同參與的有麥田出版社的蘇拾平和陳雨航、貓頭鷹出版社的郭重興、商周出版社的何飛鵬，三家出版社以換股的方式合併結盟，但仍保有各自的選書、編輯方針，只是在財務、業務、發行等面向，採用資源共享的原則，協助整合行銷通路，讓小出版社擁有較為寬闊的發展空間。當集團的規模經濟和專業分工發展到一定程度，洽談版權、合作出版等事宜的談判，也往往具有更大的優勢。經過二十多年的發展，如今的城邦出版集團除了麥田等三家出版社，更多了易博士、原水文化、奇幻基地、紅樹林等將近十個出版單位，每個出版單位之下又有更小型的出版社，例如「積木文化」底下就有積木文化、馬可孛羅與橡樹林三個單位。

當年共同參與「城邦」的創始人郭重興，在二〇〇〇年與木馬、左岸、遠足、野人、繆思五家出版社，共創「讀書共和國」出版集團，其後陸續有多個出版品牌加入，包含富察延賀在二〇〇九年成立的「八旗文化」。「八旗文化」主打「中國觀察」路線，二〇一九年出版的《紅色滲透》揭露中國媒體在全球擴張的現象，間接推動《反滲透法》的修訂。城邦的另一位創始人蘇拾平則在二〇〇六年成立「大雁出版基地」，最初有如果、大是、貓巴士、漫遊者、橡實文化五家出版社加入。「大雁出版基地」是一開放性共享平臺，提供全新的營運模式，協助中小品牌出版社規劃、行銷、結帳等，讓編輯團隊可以專心投入專業領域，共同發揮出版力。

出版人王乾任認為，臺灣的出版產業之所以走向企業化、組織化、集團化，是因為隨著金石堂這類連鎖書店的崛起，改變了圖書零售通路版圖，出版人必須搶攻出版品在書店的占櫃率和曝光度，才能有助於銷售。就這樣，行銷通路與出版組織相互影響，奠定了此後將近二十年臺灣出版市場的方向。

參考資料

王乾任，〈鳥瞰戰後臺灣出版產業變遷：從出版社、經銷發行到書店通路的變化〉，《臺灣出版與閱讀》總號第三期，二〇一八年九月，頁五〇—五七。

李至和，〈出版業新秀　大雁展翅〉，《經濟日報》，二〇〇七年一月二十二日，A10版。

封德屏主編，《台灣人文出版社30家》（臺北：文訊雜誌社，二〇〇八）。

洪懿妍，〈出版變臉　或大或專〉，《天下雜誌》第二〇六期，二〇一二年六月二十五日，頁一五二—一五五。

游淑靜等著，《出版社傳奇》（臺北：爾雅，一九八一年七月初版）。

蔡紀眉，〈讀書共和國：有如變形蟲般不斷突變的出版共同體〉，VERSE電子報，二〇二一年五月十六日，https://www.verse.com.tw/article/book-republic-publishing-brand-story。

column

特寫

市場從屬

暢銷書排行榜的文學新秩序

徐國明

面向大眾的連鎖書店

一九八三年一月二十日，金石堂書店於臺北市汀州路初創了全臺第一間複合式書業空間「金石文化廣場」，附設有書店、餐飲及服飾，高聲宣告大型連鎖書店的時代正式到來。同年，何嘉仁文教機構成立，也趕赴這波書店型態變革創新的大勢，開設何嘉仁書店，而新學友書局則是在仁愛路圓環拓展「書香園」的複合式經營，將書店結合咖啡廳、畫廊，營造公園式書店的空間氛圍。

事實上，一九八〇年代連鎖書店的快速發展，連帶開啟出版書籍產銷分離的通路變革，一改過去傳統的店銷通路，甚至影響出版產業的組織型態，為求品牌知名度和搶奪市占率，出版社紛紛邁向集團化、組織化和書系化的經營路線。當時，金石堂書店即是採取每月製作「暢銷書排行榜」的行銷策略來開發嶄新的營運模式，在書籍陳列上也將書封朝外整齊擺放，並於開幕兩週年後，首開業界之先河，以書訊形式發行《金石文化廣場月刊》（後在一九八八年改為雜誌型態的《出版情報》），提供消費者免費索閱，掌握書籍資訊和出版動態。

短短數年時間，暢銷書排行榜的銷售機制對於整體出版產業造成的影響，在當時掀起廣泛的輿論波瀾，尤其聚焦在書店、書商和書市相互運作下衍生的「潛規則」。具體來說，有些出版社為了商業利益的考量，以求書籍上榜刺激銷量，可能會降低批發價格爭取書店的展售機會，或是化整為零地將書購回提高銷售數字，這些刺激銷售的變相手段皆是希望利用排行榜的廣告效應，達到市場利潤成長的目的。

1985 年，金石堂書店開始編贈《金石文化廣場月刊》，圖為 1987 年 1 月的「四周年紀念特刊」封面。（圖片來源：徐國明提供）

對此，《中國時報．人間副刊》更於一九八六年底直接策劃了一個名為「暢銷書排行榜」的專題，大規模地邀請、訪問四十一位作家對於暢銷書排行榜的風行現象有何看法，直搗文學商業化的課題。有趣的是，大部分作家面對赫然崛起的暢銷書排行榜幾乎都抱持著懷疑態度，卻也無法否認當中反映的社會趨勢，並且，按照人間副刊的整理歸納，這些作家的立場大致分為比較贊成的、比較中立的和比較反對的，幾乎沒有完全贊成或完全反對的兩極化聲音。然而，誠如詩人羅智成於訪問時所回應的：「暢銷書排行榜迫使作者面對一個基本問題：他到底為什麼而寫作？」明顯意識到作家與讀者的權力關係正在悄然改變。

隨著一九八〇年代金石堂、新學友、諾貝爾、誠品等企業化連鎖書店的接連設立，暢銷書排行榜的營銷機制也越趨成熟，首當其衝的便是原本涇渭分明的書籍界限徹底破除，純文學、非文學、漫畫被放置在同一書店消費情境，只要銷量夠出色，就有機會躋身暢銷書排行榜之列，這不只消弭了嚴肅藝術和商業利益的對立分野，更成為另一種新興的書籍評賞方式。此外，為了進一步吸引消費者的興趣，出版社開始力求滿足各式各樣的閱讀品味，作家身分也愈加斜槓多元，不再固守文學堡壘，整個文學生產活動從「作者導向」轉為「讀者導向」，逐漸步入文化工業的產銷迴圈。

林清玄現象

值得留意的是，當整體文學場域全面趨向商業化進程時，文學生產活動自然會成為消費商品，當中最具代表性的，應該是借助暢銷書排行榜推波助瀾而擴散形成的「林清玄現象」。回望一九八〇年代，身兼編輯、記者和作家身分的林清玄已經連續掄元奪得時報文學獎、吳三連文藝獎、中山學術文藝獎、國家文藝獎等文學大獎，更在一九八八年被出版業界推選為年度風雲人物。根據一九八九年舉辦的「卅年一五〇本文學暢銷精典特展」的統計資料顯示，在分頭蒐集完金石堂、新學友的排行榜資料，以及作品本身刊載的印刷版次後，林清玄和琦君各別坐擁最暢銷十大男／女作家之冠，而最暢銷書籍是四年內印刷一〇七版的《野火集》。

同樣專美於前的，即是林清玄將佛學大眾化的「菩提系列」創作，紫色菩提系列於出版五年間，創下超過兩百萬本的銷售量。伴隨傳播媒體欣欣向榮的發展，林清玄除了跨界出版有聲書、發行筆記書，還在一九九〇年底將屢占暢銷書排行榜的「菩提系列」搬上電視，錄製推出錄影書，希望開發那些從不看書、只看錄影帶的消費者，這樣多元化發展的出版型態對於作家本身的暢銷書效應，當然也有借力使力之效。

1986年，林清玄《紫色菩提》，九歌出版社。（圖片來源：曾怡甄攝自臺灣文學館）

直至一九九七年，林清玄離異未久即再婚的消息曝光，讀者反彈聲浪十分劇烈，退書的電話不斷，甚而前往林清玄教育文化基金會門口焚書抗議，在高度商業操作的出版市場中，原本宛若心靈導師的「林清玄現象」完全幻滅，自此迅速消逝。當是時，商業經濟環境的不景氣，也使得林清玄的生活禪書籍消退，劉墉的勵志類書籍趁勢興起。

總的來說，一九八〇年代文化工業的崛起，深刻影響臺灣文學的生產行銷和消費模式，不僅大力推促文學生產的商業化轉向，也逐漸消解文學／非文學的界線、破除嚴肅／通俗的分歧，甚至大大提升讀者的選擇權力。特別是隨著大型連鎖書店的出現，在商業利益優先的營運下，暢銷書排行榜的機制成為另一種文學生產、傳播與批評的重要準則。至此，臺灣文學的商品化現象，也於焉成形。

參考資料

王乾任，〈鳥瞰戰後臺灣出版產業變遷：從出版社、經銷發行到書店通路的變化〉，《臺灣出版與閱讀》總號第三期，二〇一八年九月，頁五〇—五七。

呂正惠，《戰後台灣文學經驗》（臺北：新地文學，一九九二）。

林芳玫，〈雅俗之分與象徵性權力鬥爭——由文學生產與消費結構的改變談知識份子的定位〉，《台灣社會研究季刊》第十六期，一九九四年三月，頁五五—七八。

隱地，《回到八〇年代：八〇年代的流金歲月》（臺北：爾雅，二〇一七）。

column

特寫

南方從屬

高雄出版的「曙光」與「春暉」

潘憶玉

1982 年《文學界》創刊號。

一九八〇年，詩人陳坤崙（一九五二—）在高雄成立春暉出版社；到了一九八二年，三十歲的陳坤崙與曾貴海（一九四六—）、彭瑞金（一九四七—）、鄭烱明（一九四八—）等高雄文友共同創辦《文學界》雜誌，他們邀請林曙光（一九二六—二〇〇〇）等走過日本時代的作家撰稿、重整臺灣文學史料，出版葉石濤（一九二五—二〇〇八）《台灣文學史綱》（一九八七）。如果說一九八〇年代的臺灣人文出版，已經進入追逐暢銷書排行榜的「市場從屬」時代；那麼在高雄春暉出版社這裡，則可以看見對於「南方從屬」的堅持。而這其中，林曙光扮演著「橋中橋」的角色。

「曙光」之前的「大業」

林曙光，本名林身長，是高雄鹽埕區漁產富商的長子，幼年曾先後向陳春林、葉陶學習漢文與日文，公學校畢業後，入京都中學。戰後，林曙光返臺入臺灣師範學院史地系，並擔任《國聲報》記者、《台灣新生報》副刊翻譯。林曙光的中文書寫能力，來自於漢學書塾和中學校漢文科的訓練，因此固然口語四聲不明，但可以翻譯、潤飾同代人葉石濤的小說。一九四九年四六事件後，林曙光輟學南返，繼承父業，後從事教職。

這時候的高雄，因為陸、海、空三軍基地兼備，隨著國民政府遷臺，人口結構、生活型態大幅改變。一九五三年，四川人陳暉（一九二二－？）在高雄繁華地段鹽埕區大勇路開設「大業書店」，是當時南部唯一一家兼營出版社的純文藝書店，也是文藝同好的交流場所。不僅聚集「中國文藝協會」南部分會會員，讀中學時的曾貴海、陳坤崙也是常客。大業書店的名家名作，可以郭良蕙《心鎖》（一九六二）和司馬中原《荒原》（一九六三）為代表，前者因挑戰保守社會，翌年遭禁；後者則是作家的第一本書。

許多本省籍作家的第一本書，則出現在林曙光主持三信出版社編務任內，例如陳坤崙詩集《無言的小草》、喬幸嘉（陳恆嘉，一九四四—二〇〇九）小說集《譁笑的海》、莫渝詩集《無語的春天》。三信出版社（一九七〇—一九七九）由三信家商創辦人林瓊瑤成立，自設印刷廠「以廠養社」，編務則委由三信家商老師

1975 年，葉石濤《噶瑪蘭的柑子》，三信出版社。

林曙光、陳冠學，規劃新教養文庫、日本史譯叢等書系，並出版李喬《恍惚的世界》、鍾肇政《青春行》、葉石濤《噶瑪蘭的柑子》等小說，以及李魁賢《赤裸的薔薇》等詩集。葉石濤曾撰文回顧，三信出版社固定給付的版稅，對當時窮困潦倒的他而言，是一件雪中送炭的事。

「春暉」之前的「大舞臺」

一九七〇年代高雄，與三信出版社同時營運的，還有「大舞台書苑出版社」（一九七五—一九七九）。七〇年代中期，經由林曙光的介紹，陳坤崙進入大舞台書苑出版社，正式接觸出版社編輯、發行業務。「大舞台」是鹽埕區的老戲院，一九五三年由前省議員郭國基（一九〇〇—一九七〇）接手經營；一九七〇年代，電影院內附設書店「大舞台書苑」，亦即，戲院、書店、出版社，是三位一體的關係。大舞台書苑出版社的重要出版品，除郭國基長子郭拔山編著的《郭國基選壇馳騁錄》、《郭國基言論集》外，另有「書苑譯粹」系列《里爾克叢書》五種，以及《巨人之星王貞治》等書，甚受歡迎。

一九八〇年，陳坤崙成立春暉出版社，加入高雄出版的「大舞臺」。稍早的一九七八年，《民眾日報》南遷高雄，民眾副刊主編鍾肇政，利用版面整理戰前臺灣文學，刊載如陳火泉自譯中文小說〈道〉；一九八二年春暉承印的《文學界》，連載有東方白的大河小說《浪淘沙》、陳冠學屢被報刊退稿的《田園之秋》；一九八四年，柯旗化（一九二九—二〇〇二）的第一出版社設立「台灣文化圖書服務部」，編寫《台灣文化圖書目錄》；一九八六年，柯旗化再成立「台灣文化雜誌社」創辦《台灣文化》季刊；一九八八年，鄭春鴻（一九五八—）接編《台灣新聞報》西子灣副刊，開設「文學百問」專欄，邀請葉石濤撰稿，其後結集為《台灣文學入門：台灣文學五十七問》，由春暉出版社出版。此外，還有《臺灣時報》臺時副刊主編許振江（一九四九—二〇〇一）成立派色文化出版社，先後推出葉石濤《台灣文學的悲情》、鍾理和文庫等書。

一九九一年，《文學界》雜誌的原班人馬創刊《文學台灣》；一九九五年，春暉出版社配合推出「文學台灣叢刊」、「文學研究叢刊」，包含舞鶴《拾骨》、葉石濤《紅鞋子》等小說，以及施懿琳《從沈光文到賴和：台灣古典文學的發展與特色》、陳建忠《書寫台灣．台灣書寫：賴和的文學與思想研究》等學術專書。二〇〇三年，成大台文系師生創辦《島語：台灣文化評論》，也受到春暉出版社的支援。二〇一二年，因柯旗化妻子柯蔡阿李（一九三三—）年事已高，陳坤崙再接手第一出版社，延續南方的文學與文化光影。

參考資料

曾琇絢，《台灣文學的「橋中橋」：林曙光研究》（新竹：國立清華大學台灣文學研究所碩士論文，二〇一四）。

項青，〈陳暉與大業書店〉，《文訊》第十六期，一九八五年二月，頁二七三—二八一。

應鳳凰，《五〇年代文學出版顯影》（新北：新北市政府文化局，二〇〇六）。

謝一麟、陳坤毅，《海埔十七番地：高雄大舞台戲院》（高雄：高雄市政府文化局，二〇一二）。

陳學祈，〈寸草心，泥土情：春暉出版社〉，封德屏主編，《台灣人文出版社18家及其出版環境》（臺北：文訊雜誌社，二〇一三），頁三一七—三三四。

葉石濤，〈地方文史工作者的先驅和權威〉，《葉石濤全集16・評論卷四》（臺南：國立臺灣文學館；高雄：高雄市政府文化局，二〇〇八），頁四〇九—四一六。

國立臺灣文學館監製、蔡靜茹導演，《文學的光影》，二〇二一年，國立臺灣文學館影音、文化部 iMedia。

1992

寫給未來的字

2022

當代與下個世代的挑戰

大限年代的愛情

六一二大限與翻譯羅曼史的美好年代

賴慈芸

所謂六一二大限，是指一九九四年六月十二日以後，未經原作者授權的翻譯書籍不得再販賣，也就是臺灣自一九九二年六月開始實施《著作權法》（以下簡稱版權法）之後的兩年緩衝期限。現在的讀者可能很難想像，在一九九二年六月之前，臺灣的出版社只要手上有外文書籍，誰都可以自由翻譯出版，所以不少美國、日本剛上市的暢銷書，甚至還在連載，臺灣就已經出現譯本了；不少暢銷書也會出現多種譯本同時上市的狀況。像是一九六六年同一天在聯合、中時（當時叫做《徵信新聞》）兩大報開始連載的日本暢銷小說《冰點》、一九七二年的七種《天地一沙鷗》譯本、同樣是一九七二年的七種《畢業生》等，都是因為不受原作版權約束才可能出現的情況。

臺灣在實施版權法之後，受到最大打

擊的文類可能是翻譯羅曼史（愛好者暱稱為「外曼」或「西曼」）。經典文學如《簡愛》、《茶花女》等因為多半是公共版權，並未受到太大的影響，即使抄襲大陸譯本也沒有違反版權法，還可以照賣；但當時當代羅曼史作者大多還在世，如以《蝴蝶夢》（*Rebecca*）出名的達芙尼・德・莫里耶（Daphne du Maurier, 1907-1989）；寫《米蘭夫人》（*Mistress of Mellyn*）的西曼女王維多莉亞・荷特（Victoria Holt，本名 Eleanor Hibbert, 1906-1993）；超級多產的羅曼史製造機芭芭拉・卡德蘭（Barbara Cartland, 1901-2000）；帶有奇幻色彩的瑪麗・史都華（Mary Stewart, 1916-2014）等，因此受到版權法的影響就很大，沒有版權就不能賣。

由於羅曼史在一九七〇、一九八〇年代越趨類型化、產業化，依賴大量的譯者在短時間內產出大量文本，因此在版權法通過之後，取得版權的成本對這種薄利多銷的類型小說造成壓力，加上上述幾位重量級作家逐漸凋零，以及國外出版社要求一籃子購買版權（就是一個系列全買，不能挑書）等因素，盛極一時的翻譯羅曼史在一九九〇年代迅速消退，而為本土羅曼史所取代。雖然今天還是有授權的羅曼史繼續出版，但與每週都有新書出版的一九八〇年代完全無法相比。

起點：哈安瑙小姐

翻譯羅曼史並不是從一九七〇年代才出現的。劉素勳的博士論文以一九六〇年的《米蘭夫人》作為臺灣翻譯羅曼史的起點，其實一九五二年徐鍾珮已經翻譯了莫里耶的《哈安瑙小姐》（*The King's General*），一九五三年皇冠創辦人平鑫濤也以筆名「費禮」翻譯了莫里耶的《麗秋表姐》（*My Cousin Rachel*）。《哈安瑙小姐》還被寫進瓊瑤小說中，更是外曼影響內曼的佐證：瓊瑤在一九八二年的小說《問斜陽》一開場，外向的妹妹發現文靜的姊姊淚眼汪汪，大吃一驚，忙問她怎麼了：

「是……是安瑙。」姊姊輕聲說。

「什麼？樟腦？樟腦丸嗎？弄到眼睛了嗎？」

「哎，我說的是哈安瑙。哈安瑙是一個人名。」

「哈安瑙？是蒙古人嗎？只有蒙古人有這種姓。」

「不是，哈安瑙是英國人。十七世紀的英國人。」

原來這個姊姊正在看徐鍾珮翻譯的《哈安瑙小姐》呢！主角哈安瑙小姐姓 Harris 名

Honor，爸爸是哈約翰，哥哥是哈羅蘋，完全是傅東華（一八九三—一九七一）翻譯《飄》（一九四〇）以來，早期西洋羅曼史的命名規範。而且跟《蝴蝶夢》一樣，《哈安瑙小姐》也是倒敘開場：

> 我一直喜歡注意海潮，現在尤甚。潮退時候出海灘，我的身體雖躺在這裡，心卻痴痴的向海潮俱去。我已經埋葬了的舊夢，也像海灘上的貝殼和石子，突然地在日光下曝露。……原來遠去的低啞海潮，漸行漸響，逼近海灘。潮回來了，白石貝殼全不見了，沙灘淹沒了，我的夢也全埋葬了。（徐鍾珮譯）

譯者的好文筆相當引人入勝。莫里耶的作品在一九五〇年代就有好幾種譯本了，如一九五三年，中油員工雜誌《拾穗》的主編馮宗道也以筆名「微之」翻譯了《蕾綺表姐》（也是 *My Cousin Rachel*）；一九五九年重光文藝也推出王瑛譯的《再吻我，陌生人》（*Kiss me again, Stranger*）。但出版社分散，作者譯名也沒有統一。真正以作者當成品牌行銷的羅曼史的確是從荷特的《米蘭夫人》開始的。

維多莉亞・荷特著有《米蘭夫人》、《彭莊新娘》、《孟園疑雲》、《藍莊佳人》、《孔雀莊上》，堪稱「西曼女王」。（圖片來源：賴慈芸提供）

作者品牌的開端：米蘭夫人

《米蘭夫人》原著在一九六〇年連載於美國的《婦女家庭雜誌》（*The Ladies' Home Journal*），臺灣譯者崔文瑜因為丈夫常帶美國雜誌回家給她看，因此看到這篇小說，十分喜愛，即在《大華晚報》連載譯文，從一九六〇年九月到次年二月全書連載完畢，隨即由皇冠出版社出版單行本，一炮而紅，多次再版，中廣和警察廣播電臺還曾經選播過米蘭夫人，可以想見暢銷程度。

一九六四年《台灣日報》連載了一篇黃海寫的小說《古屋風雲》，就是《米蘭夫人》的仿作，一九六五年臺灣導演辛奇更把這個故事場景搬到臺灣，拍成臺語片《地獄新娘》：場景從英國康瓦爾搬到臺中梧棲，一開始的私奔意外從開往倫敦的火車出軌，變成野柳往香港的遊艇翻覆，騎馬改為打高爾夫，小禮拜堂的死亡密室改為佛堂。

《米蘭夫人》是崔文瑜的第一本譯作，她後來又譯了不少作品，連美新處都邀她譯書。這段經歷與一九六六年朱佩蘭翻譯《冰點》的情形頗為相似：朱佩蘭由於丈夫在報社工作，每天都可看到日本空運來臺的當日報紙，所以《冰點》還在《朝日新聞》連載的時候，身為家庭主婦的朱佩蘭就開始翻譯，搶得先機。朱佩蘭的譯本在《聯合報》副刊連載，當時的主編就是平鑫濤；《徵信新聞》由徐白領軍，共找了五位譯者趕工合譯，同日開始連載，但朱佩蘭起步較早，單行本早了對手兩週出版，創下大賣二十萬冊的佳績，朱佩蘭也從此踏入譯壇。當然，從這兩個成功的例子，也可以看出平鑫濤的眼光精準。《冰點》也一樣有臺灣的仿作：辛奇在一九六六年第一次執導的國語片，就是改編自《冰點》；導演郭南宏也在同年推出臺語電影；台視也在一九六七年推出由《冰點》改編的臺語劇集。不過《冰點》的作者三浦綾子後來除了《冰點》續集之外，並沒有繼續朝這個文類發展，所以也沒有像荷特一樣發展成個人品牌，培養了一群羅曼史的忠實粉絲。

《米蘭夫人》大賣之後，荷特一九六三年出版的 *Bride of Pendorric* 迅速出現中文譯本，由已有多年翻譯經驗的張時翻譯，名為《彭莊新娘》，書背就印有「米蘭夫人作者 Viotoria Holt 最新傑作」字樣，而《米蘭夫人》再版時封面也印有「彭莊新娘作者 Viotoria Holt 著」，開始有作者品牌的意味，但當時出書頻率還不密集，羅曼史真正大爆發還是要等到下一階段。

1981 年，逸群出版社的《將軍之女》將福爾摩斯故事包裝成羅曼史。（圖片來源：賴慈芸提供）

純愛西曼的全盛年代

一九七八年，好時年推出「名家名著」，一九八〇年皇冠推出「當代名著精選」開始，出書頻率大增，品牌形象也益發明確，例如皇冠版《孔雀莊上》的封面就有「米蘭夫人、彭莊新娘、孟園疑雲的作者得意新作」字樣，《藍莊佳人》的書背也有「米蘭夫人、彭莊新娘、孟園疑雲、孔雀莊上和千燈屋著者維多利亞・赫特精心傑作」字樣，互相拉抬聲勢，唯恐粉絲漏掉一本。從這兩大系列開始，羅曼史的文類規範越來越清晰，如書名大多有莊園的名字：「米蘭山莊」、「彭莊」、「孟園」、「藍莊」、「孔雀莊」、「狄園」、「逸園」等等，每一章的章名頁還會摘錄幾句書中對話。

臺灣在一九七〇、一九八〇年代，翻譯羅曼史到底有多盛行呢？根據劉素勳的估算，此期出版的翻譯羅曼史總冊數可能達到六千本。好時年近百冊，皇冠四百多冊，情慾羅曼史更是總數驚人。當時市面上每週都有新書出版，好時年、皇冠之外，還有希代「精美名著」、長橋「芭芭拉・卡德蘭」各種系列、林白「薔薇頰」更是號稱一週出三本，共同形成相當龐大的產業。有些小出版社，如標榜電影名著的逸群，甚至把上海、香港舊譯重新包裝成羅曼史出版，《鴛夢重溫》（實為一九四八年上海譯本）、《郎心狼心》（實為一九四七年上海譯本）、《歷盡滄桑一美人》（實為一九五三年香港譯本）、《玉女情懷》（實為一九五六年香港譯本）都還是愛情故事，最誇張的是連福爾摩斯的短篇集都可以包裝成羅曼史出版。一九八一年逸群出版的《蓬門今始為君開》（書名取自 A Scandal in Bohemia）和《將軍之女》（書名取自 The Adventures of the Illustrious Client），兩冊封面都是挑逗意味十足的女性，《將軍之女》甚至還露點，難以想像這兩本小說其實是抄襲上海啟明版一九四〇年代的《福爾摩斯探案全集》。能把有點厭女傾向的福爾摩斯都包裝成羅曼史，也可以想見為了趕上這波羅曼史風潮，出版社是如何無所不用其極了。

不過翻印戰前舊譯的羅曼史數量有限，這一波出版的大多是新譯或重譯，皇冠重出了徐鍾珮《哈安瑙小姐》、崔文瑜《米蘭夫人》和張時《紡月的女神》（*The Moon-Spinners*）等一九五〇、一九六〇年代的譯作，好時年也重譯了《蝴蝶夢》和《米蘭夫人》等名作，出版社更是緊盯著國外暢銷書榜尋找新作，如皇冠當年的原則就是名家新作必出，暢銷書榜前三名必出。

譯者大軍

為了應付龐大的出書量，好時年要求譯者朝九晚五進辦公室翻譯，有時國外購得的書一拿到就拆成數份，由三、四位譯者同時開譯。不過更多譯者是在家單獨作業的。曾有翻譯情慾羅曼史的譯者表示，她對書中主角上床後長篇累牘的描述頗感厭煩，後來都草草幾句帶過，一翻完整疊稿紙就直接交給打字小姐打字排版，也從來沒有人抱怨過。但也有譯者表示，淡化激情場面其實是出版社編輯的要求，同時也有字數的考量：出版社有時為了印刷成本考量，會指定總字數的上限，譯者也只好省略某些場景。皇冠的譯者謝瑤玲也提過，她曾在交稿之後，編輯把露骨部分刪減，理由是擔心新聞局的審查。無論理由為何，當年臺灣的翻譯羅曼史的確是傾向純情路線，情慾過於露骨部分，譯者或編輯都會加以節制。如果一刀未剪，在「誨淫誨盜」的戒嚴時期，皇冠也不可能在一九六〇年就出版《蘿莉泰》（*Lolita*）這種奇書吧！

興盛的翻譯羅曼史產業需才孔急，也培養了眾多譯者，如知名女權作家施寄青曾在自傳中提過她在一九八〇年代幫皇冠譯書的經驗，一個月能翻譯一本書，對失婚的她來說是重要經濟來源。她也翻譯了荷特的《藍廈驚夢》（*The Landowner Legacy*）。不少好時年的譯者後來都成為皇冠的重要譯者，像是張琰、余國芳、林靜華、謝瑤玲、沙永玲、麥倩宜等，兩家出版社可說是培養了一批翻譯及出版界人才。好時年和皇冠基本上以出版暢銷書為主，羅曼史也比較偏歌德式羅曼史。至於情慾羅曼史類型小說，就是封面幾乎都是一男一女的那一種，稿費就比較薄利多銷。一九八〇年代當過羅曼史譯者的劉素勳在她的博士論文中提供了詳細數字：她在一九八五年進入羅曼史翻譯產業，當時稿費每千字一百一十至一百二十元，以稿紙張數計價，所以空格越多越好賺。翻譯一本十萬字的羅曼史，大約可以拿到一萬出頭的稿費。「聽起來不多，其實並不難賺。因為羅曼史裡的對話多，空格也多。原文的文字又很簡單，沒有複雜的句式，翻譯起來很快……平均每個月可以翻上兩本，月入近三萬元。」好時年、皇冠的譯者不少後來繼續翻譯，但情慾羅曼史的譯者普遍使用筆名，除非本人承認，否則很難知道到底譯者是誰。

羅曼史的譯者大多也跟傅東華翻譯《飄》的原則一致：知道這是「時髦書」，不是文學經典，讀者看得舒服最重要，因此中文盡可能走流暢路線，很少翻譯腔。一九九〇年代以後取得版權的新譯本，則依循現在的翻譯規範，如《彭莊新娘》男女主角就從「彭樂石」和「方斐文」變成《潘莊新娘》的「洛克・潘」和「菲芙兒」（一九九六年國際村版本）了。而徐鍾珮、崔文瑜、張時那一輩譯者「半新不舊」的文筆也難以模仿，難怪直到現在，皇冠和好時年的舊譯本還是相當受到當年粉絲的懷念。可惜在版權法規範之下，這些老譯本也不太可能有復刻出版的機會。

愛情故事永遠不缺讀者，只是隨著時代轉變，當年以女家庭教師和有黑暗過往的莊園多金男主人為標配的羅曼史，早已被穿越、總裁、奇幻、吸血鬼取代。大限年代之後，租書店裡的翻譯羅曼史也逐漸被本土羅曼史取代。但在六一二大限之前，《哈安瑙小姐》、《米蘭夫人》、《彭莊新娘》開啟的西曼美好年代，還是值得記上一筆。

參考資料

張思婷，《臺灣戒嚴時期的翻譯文學與政治：以《拾穗》為研究對象》（臺北：國立臺灣師範大學翻譯研究所博士論文，二〇一六）。
溫澤元，《說不出的愛：以皇冠三部禁忌文本的翻譯為例》（臺北：國立臺灣師範大學翻譯研究所碩士論文，二〇一八）。
劉素勳，《浪漫愛的譯與易：一九六〇年代以後的現代英美羅曼史翻譯研究》（臺北：國立臺灣師範大學翻譯研究所博士論文，二〇一二）。
賴慈芸，《翻譯偵探事務所》（臺北：蔚藍文化，二〇一七）。

文學書系的誕生與衰落

黃崇凱

二〇〇三年，六月二十日，小說家黃國峻自縊，得年三十一。

後續幾日，報刊接連登出各方緬懷文字。《中國時報·人間副刊》與七月出刊的第三十四期《誠品好讀》宣告於七月六日在敦南誠品舉辦黃國峻紀念會。當日下午，大約有些像我這樣與黃國峻素未謀面、彼時也沒怎麼讀過他作品的讀者，懷著好奇，坐在觀眾席，看一眾作家談論這位早逝的青年小說家。

臺上排排坐的作家，幾乎就是當時文學圈的中堅主力：楊澤、楊照、駱以軍、成英姝、張惠菁、袁哲生、童偉格、許榮哲等。他們輪流講述自身與黃國峻的往來印象，間或評述他的作品。時隔二十年，我記不太得他們說了些什麼。只有個粗略記憶：楊照大致說到，作家要建立個人風格不容易，但建立風格以後死了也沒關

2004 年 5 月《FHM 男人幫》「袁哲生紀念」專輯，封面人物為小甜甜布蘭妮。（圖片來源：蔡易澄提供）

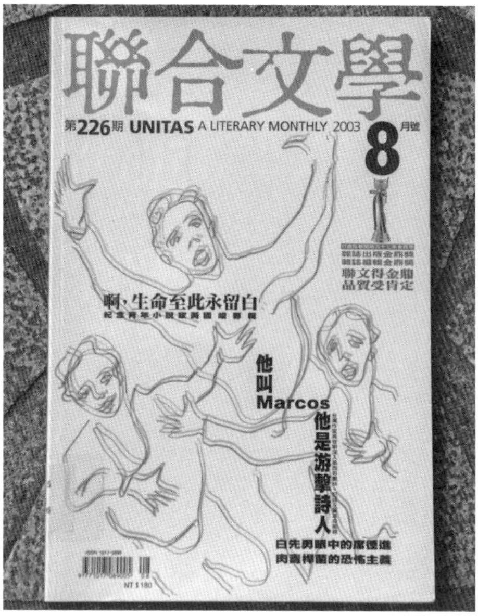

2003 年 8 月《聯合文學》226 期「啊，生命至此永留白：紀念青年小說家黃國峻」專輯。（圖片來源：曾怡甄攝自臺灣文學館）

係。他對著駱以軍說，所以你可以死了。駱以軍呵呵笑。在場聽眾也都笑了。

相隔一個月，我參加生平第一次文藝營，又在那裡遇見袁哲生、許榮哲、張惠菁。文藝營學員都會領到一本八月號的《聯合文學》雜誌。當期專輯紀念黃國峻，除了學者專論，亦有二十一位青年作家解讀黃國峻的全部作品。同樣八月出刊的第三十五期《誠品好讀》，則刊出黃國峻部分手稿，以及那場在敦南誠品的座談精華。

以並不暢銷的純文學寫作者而言，能有這番集體悼念光景與版面，實屬不易。而大家也沒想到，隔年四月初，一切再度重演。這次送走的是袁哲生。

2003 年 9 月《印刻文學生活誌》與《野葡萄文學誌》同時創刊，封面人物分別為朱天文與小 S。

線上與線下的重整

如今回看二〇〇二至二〇〇三年，隔著二十年距離，我才發覺那似乎是個文學板塊重整期。二〇〇二年，曾在遠流、麥田任職多年的陳雨航創辦一方出版社。同年，曾任聯合文學總編輯多年的初安民，創立印刻出版社，〇三年九月創辦《印刻文學生活誌》。印刻新創雜誌同時，小知堂出版社亦創刊《野葡萄文學誌》，效仿日本的書籍情報誌《達文西》，試圖結合明星藝人，開啟另一番文學雜誌風貌。也在這兩年，眾家臺文系所接連開辦，國家臺灣文學館籌備處成立。這部分是檯面上的板塊位移與碰撞，檯面下熱絡的，發生在虛擬空間。

那是剛度過新世紀網路泡沫，景氣

緩緩復甦，人們開始談論 Web 2.0 的時代。作為詹宏志壯烈失敗的網路媒體《明日報》附屬的「明日報新聞臺」，在《明日報》結束後日漸蓬勃，諸多能人異士紛紛開臺。知名者如「五年級同學會」，開風氣之先，以身分證上的民國年次，分級自稱，變成流行語。又如詩人鯨向海主持的個人新聞臺「偷鯨向海的賊」掄下第一屆明日報網路文學獎首獎，接著出版個人詩集《通緝犯》，成為當時最受矚目的詩壇新聲音。其時，詩人楊佳嫻的「女鯨學園」人氣暢旺，彷彿只要跟著留言的線索，就能跟隨當代文學的發展足跡。年輕小說家接著來了。由許榮哲、王聰威、甘耀明、李崇建、高翊峰、李志薔共同創設「小說家讀者」，舉辦活動，引來不少圍觀讀者。袁哲生之所以開設「秀才燒水」新聞臺，據說就是被這批人拉下海的（王聰威、高翊峰是袁哲生在《FHM男人幫》雜誌同事，而當年許榮哲、童偉格時常被袁哲生找去寫稿）。

網路世界的風風火火，當年總要跨入現實才算數。小說家讀者擴張陣容（新增伊格言、張耀仁）活動之餘，也聯手出書、寫報刊專欄，搞各式噱頭。其中聲勢最浩大的，就屬高翊峰主掌《野葡萄文學誌》時舉辦的「搶救文壇新秀大作戰」，以及後來許榮哲、李儀婷結合耕莘青年寫作會推動的「搶救文壇新秀再作戰」文藝營。我雖未能被成功搶救，卻因參與活動緣故，受到當時臭名在外的「小說家讀者 8P」照顧，寫起他們主編的雜誌邊欄、補丁文字或會議紀錄，或擔任營隊的工作人員。偶有跟這些大哥們聚會，順帶也吸收一些文學新知。例如我從高翊峰那邊第一次聽聞美國小說家瑞蒙．卡佛，而他是從袁哲生那邊聽來的。例如我不止一次從許榮哲口中得知就讀東華創英所的情況，像是與駐校作家黃春明的互動，或小說家李永平常對他們說：小說就是 Form、Form、Form。

書系還很性格的時候

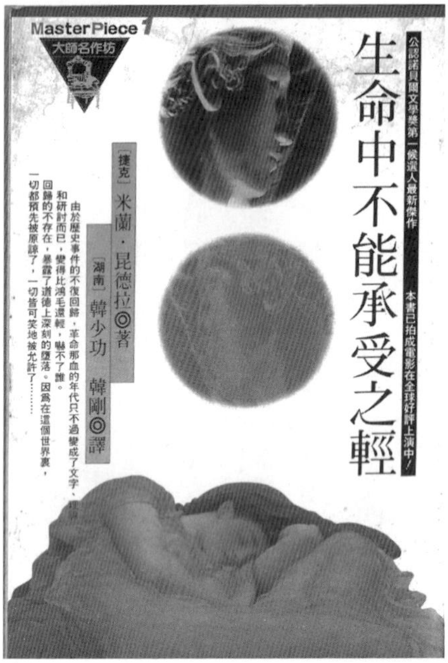

1988 年，吳繼文主編「大師名作坊」1 米蘭・昆德拉《生命中不能承受之輕》，譯者韓少功、韓剛，時報文化出版。

那兩、三年也是我從大學升入研究所，充滿困惑的時期。我常常從學術研究逃開，躲進文學待著。不時翻看《破週報》吸取各方電影、音樂、藝術、文學出版相關活動資訊。花大把時間逛新舊書店，卻沒意識到我的目光越來越集中在文學區。轉眼間，我小小的寢室空間塞滿了到處收來的文學書刊。書架上是因著高翊峰提到，在二手書店挖到的瑞蒙・卡佛短篇小說選集《浮世男女》。聽他們講課時常舉例的賈西亞・馬奎斯短篇小說集《異鄉客》。還有卡爾維諾、米蘭・昆德拉、村上春樹等人的作品。我漸漸發現，時報文化在九〇年代初期，由吳繼文主編的「大師名作坊」，似乎是理解當代世界文學脈絡的基本書單。每年的諾貝爾文學獎熱門人選或得主，往往也能在這個書系找到譯本。

追蹤吳繼文的來歷，發現他不僅寫了兩本小說，還與郝明義一起到臺灣商務印書館開創新書系OPEN。那裡面有四大冊《波赫士全集》、烏韋·提姆《咖哩香腸之誕生》、楚門·卡波提《第凡內早餐》、梁永安譯本的傑克·凱魯亞克《旅途上》及《達摩流浪者》、七等生《思慕微微》等書。

同時郝明義創辦大塊文化，推出to書系，引介當代世界文學，書單是更陌生的牙買加·琴凱德《我母親的自傳》、赫拉巴爾《過於喧囂的孤獨》、奧爾嘉·朵卡萩《太古和其他的時間》、莎娣·史密斯《白牙》，也有李昂或中國作家王朔、尹麗川的小說。這個書系的前後任主編離職後，各自耕耘翻譯文學，如翻譯多本米蘭·昆德拉新譯本的尉遲秀、創辦櫻桃園出版社譯介俄語文學的丘光。

二〇〇〇年代前後，各家文學書系都有各自的規矩，尤其顯現在書背。聯合文學是百分百橘子汁的橙色、九歌是綠頭白底、爾雅是作者名在上書名在下、寶瓶是藍底白字、商務是酒紅色、大塊是簡素的白底黑字刷上一截紅色。二〇〇二年起始的印刻文學叢書書背則是番茄汁般的血紅色（幾年後改成白色）。陳雨航同年創辦一方出版社，推出的文學書系素雅繽紛，創業作是王安憶《上採紅菱下種藕》，並由鄭樹森規劃「世紀文學」書系，推出吳爾芙、多麗絲·萊辛等人作品。一方推出宮部美幸的推理小說代表作《模倣犯》，實為她日後二十年在臺出書不輟的濫觴。只是經營不到兩年，一方出版社轉手城邦集團，許多作者作品也分落不同出版社接手。對了，二〇〇二年還有《現在詩》創刊（到底是個怎樣的好年頭啊）。我記得在位居地下室的唐山書店，第一次撞見那本厚如粉紅色電話簿的《現在詩 2 來稿必登》，附近就擺著封面女郎穿著清涼的《壹詩歌》創刊號。

要找查理．布考斯基《鎮上最美麗的女人》或約翰．厄文的小說，就得找圓神出版社的「當代文學」黑書背書系。另兩個黑書背書系，一個是較早創建的元尊文化「風格館」，裡面有楊澤詩選《人生不值得活的》、孫梓評、駱以軍、董啟章、賴香吟、舞鶴皆在此出版早期小說作品，還有黃錦樹早期的開創性論文集《馬華文學與中國性》、紀大偉主編的兩本酷兒論述選集等等。另一個黑書背則是商周出版的「異色電影──另翼文學」系列。書系主打另類風格，幾本選書如葉利尼克《鋼琴教師》、薩德侯爵《索多瑪120天》、伊恩．麥克尤恩《初戀異想》、巴拉德《超速性追緝》等，莫不以震顫讀者為己任。書系聯手當時最大的影視出租業者百視達，一起行銷文學原作與改編電影，現在看來都是時代的眼淚。另翼文學後來從黑書背單飛，繼續推出厄文．威爾許《猜火車》、威廉．布洛斯《裸體午餐》等奇書怪作。

不期然相遇的絲線

如果細看各家書系版權頁，有些隱密的線頭會浮現出來。比如元尊文化風格館的推手楊淑慧，先前曾在皇冠策劃「三色堇」書系，推出三十六本含納散文、小說、現代詩的華文書寫。又如選書人何穎怡，不僅企劃另翼文學系列，也選了許多音樂、性別議題相關作品，有時自己下海翻譯，通常還是挑戰難度最高的那類書。還有一位詩人林則良。他與何穎怡皆是「異色電影—另翼文學」的選書企劃，而他獨力策劃的書系，則是獨樹一格的麥田出版社 around 系列。

在黃國峻遠行的那個月，around 書系推出第一號及第二號作品，分別是尼克・宏比《失戀排行榜》、沙迪克・海達亞《盲眼貓頭鷹》。前者是從未有過中文譯本的英國小說家，後者也是未曾被譯介的伊朗作家。我最初受到兩本書的封面吸引，一本以字母表情符號直白呈現，另一本則幽深陰鬱。書中夾頁海報，攤開的正面是禽鳥剪影、打字機、書冊與各種外語的拼貼；背面是刻意模糊字體的書系 slogan「see you AROUND the world」及林則良撰寫的選書方向：

> 風格和選擇。這套書系，將取用英國兩個音樂廠牌的概念來展現，4AD 和 REAL WORLD。前者表現強烈的視覺風格，強烈的音樂氛圍，多層理的樂風，以及每年只精選十二張專輯；後者則標示出世界音樂的版圖企圖心。選書上，則關注最原始的基本點，說故事的方式以及說什麼樣的故事，其中有清晰的音樂和電影屬性和質感，跨越文字閱讀的單一線條。

這段話旁邊，有兩本已出版作品的介紹摘錄，也預告接下來將推出的作品：詹姆斯・鮑德溫《喬凡尼的房間》、恰克・帕拉尼克《鬥陣俱樂部》、朱利安・拔恩斯《福婁拜的鸚鵡》、彼得・漢克《守門員的焦慮》、布魯諾・舒茲《鱷魚街》與《籠罩在沙漏徵候下的療養院》、理查・費納根《顧爾德的魚書》以及維吉妮亞・吳爾芙《海浪》等等（隔年書系有另一版本的新海報）。我反覆看了這張海報不知多少次，為了仔細讀上頭密密麻麻時而是作者簡介，時而是情節綱要或推薦短語的文字。那似乎真正開啟了我對於當代世界文學的想像。書系專

2003 年，林則良規劃麥田出版社 around 書系《失戀排行榜》、《盲眼貓頭鷹》等小說，書中夾頁海報說明選書方向。（圖片來源：黃崇凱提供）

選陌異的作者、作品，或者此前沒有過譯本的。並且這個書系的任何一本書，只要擺上新書平臺，總能以視覺設計勾住讀者目光。重新審視二〇〇〇年代以降十多年，文學書的裝幀質感之所以大幅提升，恐怕也與這個書系提供豐富的視覺刺激有關。參與書系裝幀設計如聶永真、先任編輯後當設計的林小乙，日後皆成為臺灣代表性的平面設計師。

此外，就選書內容的把關上，處處可看到林則良的用心。打開書系任一本，摺口關於作者的介紹短文，有如書寫示範，逗引讀者對作者與作品的興趣。作品內容摘錄、推薦文字，也都精挑細選，持續引導讀者深入作品的趣味。許多譯本，如有英譯本可參考，林則良通常會加以對照審酌修潤，力求中譯本的可讀性及延展性。以書系倒數第二本出版的《海浪》為例，除了內文注釋，外加選譯吳爾芙相關日記，讓讀者更理解這本意識流小說經典如何醞釀寫成。書末附有吳爾芙的照片、自殺遺言，有機地融入編排設計，形成一部扎實、精緻的版本。

但大概因為書系在內容、視覺上的求好心切，各家量產的翻譯文學競爭日趨激烈，around書系於二〇〇三至二〇〇七年間，僅推出二十三本作品。直到二〇一一年，書系才又有第二十四本也是最後一本的小說《音樂之魔》。儘管預訂出版的書目仍有許多本，書系終究默默提前結束。就我個人偏見，這也是書系年代沒落的徵兆。書系的建立，一方面有助於讀者循線閱讀，一方面更是有利於出版社分類或組織引介脈絡。比如時報文化出版的「大師名作坊」與「藍小說」兩個書系皆為翻譯文學，前者定位相對高蹈，主要是備受肯定的獲獎名家作品；後者則以熱門、暢銷為訴求，卻也不乏大師佳作。

書系本是人為產物，一任任接力編輯者的選取標準或有變異、或有偏移，漸漸也會出現打破界線的作品。乃至於，當各家出版社紛紛建立讀者難以清晰辨識路線的系列，書系邏輯的內外疆界就開始剝落。這意味著，無論什麼文類，從現代詩、散文、小說、紀實乃至圖像作品，外國或本土，嚴肅或通俗——只要能賣就是王道。當今混雜性（hybridity）是時之所趨，也是出版社適應環境的方法。

鑲嵌在世界之中

九〇年代後期以來，透過書市頻密的版權買賣、資訊流通，臺灣的文學出版深深鑲嵌在世界之中。這意味著，世界正在大舉進入臺灣。當前臺灣書市明顯偏好跟隨美、日出版流行，在內容進出口的嚴重失衡下，依然有不少出版人嘗試訴說我們自身的故事。

細究 around 書系，讀者多半會發現，每本書前，幾乎都有一位臺灣創作者的一篇文字。可能是隨筆、雜文，也可能是短故事或小說。它不是導讀、不是推薦文，甚且不見得與那本書有直接連結，卻可能帶來創作者的化學反應。這是總策劃林則良的巧思。誰想得到找未滿三十歲的童偉格，在非洲作家阿摩斯．圖圖歐拉那本《棕櫚酒鬼，以及他在死人鎮的死酒保》寫一篇文章？每本書就像福袋，沒拆封前，不知道誰在裡頭寫了篇東西。我猜想，林則良藉著編書機會，也在把本地的寫作者適切編織到相對應的世界文學座標，讓彼此的作品產生交流。這其實是在轉譯、發掘臺灣文學某些尚待探勘的走向。

與 around 書系形成有趣對比的是：一九九六至二〇〇二年王德威在麥田出版社主編的「當代小說家」系列。他以驚人的閱讀眼界，收納中、港、臺、馬二十部華文小說，每本書前均有作家專論長文，端出各種西方理論加以解析、定位。這就好比外國文學研究者以種種理論視角，解讀外國當代文學作品。也於是，這個書系在王德威的強大論述下，逐漸「準正典化」——入列其中，幾乎等同優入聖域，得以在（至少是王德威版本的）文學史占有一席之地。如果 around 是透過引介世界文學精品，開掘還不存在的寫作可能，那麼「當代小說家」就類似於圖鑑索引，幫助指認那些已存在的物種。王德威選完第一批當代小說家之後，黃錦樹影響深遠的當代中文小說論文集《謊言或真理的技藝》緊接著在二〇〇三年出版，開拓更多文學的論述空間。

around 那幾年，我一本一本收集之餘，還在跟幾個朋友到處參加文學獎比賽的階段。我們聊到日後如果出書，想在哪一家？答案不外乎那時對新人最友善的寶瓶、老牌的聯合文學、九歌或新創的印刻，也有人說想放在大塊 to 書系。大概不乏有人的終極目標是有朝一日能進入「當代小說家」。

又過了幾年，我在《聯合文學》雜誌做編輯，偶然發現詩人林蔚昀在波蘭生活。我試著探問她是否可能翻譯波蘭小說家布魯諾．舒茲的《鱷魚街》。沒想到誤打誤撞，她正是為了布魯諾．舒茲學起波蘭文。出版部同事著手聯繫版權事宜，請她開始翻譯。後來《鱷魚街》出版，我們邀請了當年策劃 around 書系的林則良與林蔚昀對談。從二〇〇三年那張海報的預告書目一角，抵達舒茲兩本小說翻譯出版，走了超過十年。

回顧當年 around 海報上的書單，就像一顆顆各自不同的種子，需要適當的溫度和氣候條件，需要一定的時間，才能發芽。一如那些沒有做出來的書，還在等待未來的讀者去做出來。又或者，是在等待未來的作者去寫出來。

15

沒有做不到的出版，也就沒有出版做不到的

臺灣獨立出版、小誌創作的嘉年華時代

郭正偉

獨立出版聯盟

二〇一五年五月二十日，臺灣獨立出版聯盟舉行成立大會，召開第一次理事監事會議，全體會員總計三十五名；迄今至二〇二三年為止，臺北國際書展「獨立出版聯盟」攤位上架過的獨立出版單位，已逾五十多組。與一般協會或組織召集會員、明訂規章等制式會議不同之處，獨盟的社員大會更像臺灣各式小型出版的創意大觀，理解每一種出版類型的誕生跟發展企圖，見證一場獨立出版嘉年華，如何讓臺灣的閱讀與創作逐步轉生。

界定「何謂獨立出版」的概念，本身就是一種相對有趣的悖論。臺灣獨立出版聯盟在組織章程中，將會員資格分類成個人、團體與贊助會員，其中，個人會員

與團體會員的資格界定如下：

一、個人會員：凡贊同本會宗旨、年滿二十歲，熱心公益，認同臺灣獨立出版聯盟內容和發展，且現任（或曾任）獨立出版社的編輯、行銷、美術設計、印務、發行等專業人員。

二、團體會員：凡贊同本會宗旨之臺灣獨立出版社，編制五人以下，非大型出版集團，若遇特殊狀況，召開理事會討論並決定。

入會作為臺灣獨立出版聯盟的出版社限制，只有「編制五人以下，且非大型出版集團一員」。相對彈性的會員／獨立出版界定，更像是一種在找尋出版同類夥伴的聲明；畢竟獨立／小型出版，廣義認知上，就是具備更私我化自由彈性的出版模式。引用獨立出版聯盟章程為「獨立出版」定義，絕對稍嫌粗暴，它是其中一種定義的參考，但不是唯一的方式。這也是定義何謂「獨立出版」成為「有趣悖論」的原因：總會有更新的模式被發展，無法按規則定義；比如說，不具實體化的網路出版社，其實也可稱為獨立出版。

上世紀臺灣出版解嚴後面臨第一波轉型與轉生契機，接著走入科技迅疾發展的網路時代，讓出版必須再次因應與變身。在書籍印刷量與賣量大幅減少的時代，創作者與傳統出版社之間，不再僅是誰仰望誰的成就，而更接近一種對等、需要互相信賴的「合作」關係。傳統出版社試圖新陳代謝跟上時代思維，為出版社找到接軌未來的營運模式；創作人則開始學著為自己作品辯護，並擁有更多出版社選擇，再無須執著某些「名牌」出版社迷思。

這些種種適應與調整，鬆綁了過往人們對出版事業的想像，加上印刷產業因應網路世代需求的更新，數位印刷、少量印刷技術的純熟發展。擁有自己出版夢的出版人，憑藉少量資金便可以製作心中理想的出版品；曾經不受出版社青睞的創作者們，有機會自己出版。抱持著既然沒有舞臺就自己創造舞臺的信念，做自己理想的出版方式。曾經被排擠於大數美學外的出版、創作邊緣人，因為傳統出版面臨的發展危機，反而得到自由，轉生成引領新時代的出版概念。

獨立出版社

當讀者已然進化，有新時代的閱讀需求，創作或出版是否該有新的發展思考？蘇拾平曾經指出「如果讀者只集中在大眾或實用題材，則閱讀社會才剛萌芽；如果讀者愈主動、愈多元、愈小眾，閱讀社群的成熟度愈高，對出版經營的挑戰性愈高」。千禧年後的出版產業，開始走向「大型集團化」與「微型個人化」兩端。

多數的獨立出版人，都有自己心中最想出版的那本書，作為成立出版社的契機。二〇〇二年，顏擇雅獨力創辦「雅言文化」，鎖定翻譯書出版，包含有《世界是平的》（二〇〇五）、《正義：一場思辨之旅》（二〇〇八）等暢銷書，將原本冷門的知識打造為時下顯學。

二〇〇四年，黃俊隆創立的「自轉星球文創」則帶動部落格出版風潮，如彎彎《可不可以不要上班》（二〇〇五）、羞昂《宅女小紅的胯下界日記》（二〇〇九）等圖文書。

而臺灣獨立出版聯盟的成立，來自「一人出版社」、「逗點文創結社」與「南方家園出版社」三位草創元老。以一卡皮箱走遍天下賣書的一人出版社，成立於二〇〇九年，社長劉霽的出版計畫，與現下出版「每月固定出版書量」思維完全不同，一人出版社沒有必需的出版書量，「作品完成、滿意再出版」慢活式出版。特別的是，不僅是寫作者採版稅制分帳，譯者同樣可以選書推薦，繼而選擇以版稅分帳或一次買斷，以彈性的分潤模式保障創作者對其創作的連結。臺美人林韶的長篇小說《咿咿咿》（二〇一〇），是譯者沈意卿主動推薦合作的成功案例。

不斷對出版進行實驗與社群理解的逗點文創結社，總編輯陳夏民，則以新時代熱鬧的網路思維，翻轉傳統純文學的行銷。二〇一〇年，逗點文創結社針對尚無名氣的新生代詩人們，祭出團體行銷「詩，三連發」計畫，出版枚綠金《聖謐林》、鄭聿《玩具刀》、王離《遷徙家屋》三本新人詩集；面對網路社群，則以電子書先行、紙本書後發的銷售模式，實驗市場接受度。

成立於二〇〇八年的南方家園出版社，總編輯劉子華則放眼全球化世界，引領讀者切入臺灣國際教育養成中鮮少關注的議題，出版包括《總統先生》與《大使先生》等拉美文學與《一封好長的信》、《夢遊的大地》等非洲文學，藉以看見相關歷史沿革與發展；也有如《香蕉戰爭與公平貿易》等譯作，為公民社會提供理念實踐的彈藥。

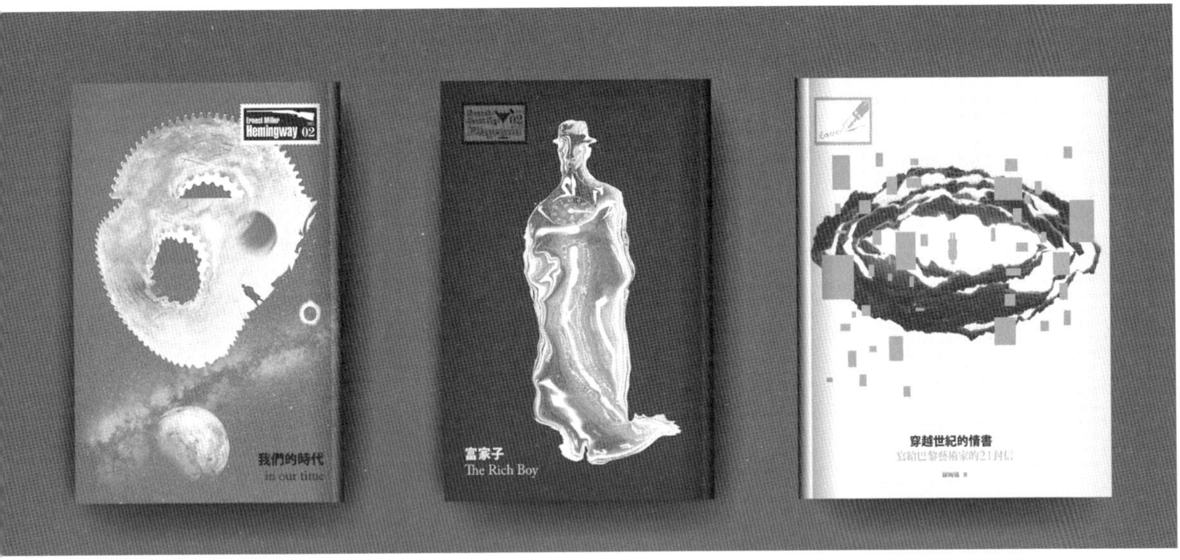

午夜巴黎計畫：（由左而右）逗點文創《我們的時代》、一人出版社《富家子》、南方家園《穿越世紀的情書》。（圖片來源：劉霽提供）

一人出版、逗點文創、南方家園三家出版社進而更以前所未聞的方式，跨出版社合作了「午夜巴黎計畫」。該計畫緣起於伍迪艾倫《午夜巴黎》電影中，惺惺相惜的兩位作家海明威與費茲傑羅。在二〇一二年至二〇一五年間啟動的「午夜巴黎計畫」，有一人出版社的劉霽翻譯出版《冬之夢》、《富家子》、《夜未央》等費茲傑羅小說三書；逗點文創的陳夏民翻譯出版《一個乾淨明亮的地方》、《我們的時代》、《太陽依舊升起》等海明威小說三書，以及南方家園出版《穿越世紀的情書：寫給巴黎藝術家的21封信》與《危險的友誼：超譯海明威 & 費茲傑羅》。三家出版社將八本書設計得像是同一個書系，互相拉抬曝光，也互相競爭銷

2014 年臺北國際書展「讀字部落」展區。（圖片來源：獨立出版聯盟）

量。此外，三家並跨領域異業結合展覽、咖啡包、文創商品等，進行一連串新鮮出版行銷規劃，幾乎什麼都可以嘗試、什麼都可以玩。不僅實踐自己的出版目標，也透過出版連結議題，展示小型／獨立出版對社會影響力。

臺灣獨立出版能見度之所以打開，或造成討論、關注熱度，不免要提到每年臺北國際書展上，獨立出版聯盟組成的「讀字」系列展場的成功。昂貴場租對小型出版社來說，參展絕對是賠本生意；但透過出版聯盟組織，結合各獨立出版社的資金與創意能力，就成為獨一無二的出版有機體，不僅增加買氣，更提升能見度。二〇一一年從「讀字去旅行」開始的「讀字攤位」，每年都有不同的主題，例如「讀字車站」、「讀字小宇宙」、「讀字部落」、「讀字小酒館」、「讀字辦桌」，年年以書本作為另一個世界的入口，創造嶄新體驗。

擺攤，一向是獨立出版社與傳統出版社最大的區別，出版總編、社長、編輯等，透過擺攤與讀者直接面對面，接受直球問題對決，更能從讀者的分享與需求中，獲得出版方向思考。讀者則從圖書市集上認識眾多獨立出版社，並找到所需。

例如由詩人鴻鴻打造的出版社「黑眼睛文化」，成立於二〇〇六年，從鴻鴻的詩集《土製炸彈》起步，曾出版《衛生紙+》雜誌（二〇〇八—二〇一六）刊載詩作與劇本，除了以詩作為出版核心，另有日本比較文學作家四方田犬彥《革命青春：高校一九六八》、《高達的女人們》等系列八書。由小小書房店主虹風擔任總編輯的「小寫出版」，成立於二〇一一年，小小書房與小寫出版兩相結合，是為閱讀品味的延伸推廣。「奇異果文創」成立於二〇一三年，由社會學者劉定綱和詩人廖之韻共同創辦，藉由純文學、詩集、動漫、網路文學等全方位出版，全力推動臺流（臺灣娛樂），二〇一八年起以高中課本改革作為出版方向。

由設計師組成的「留守番工作室」以BL文化為出版主軸，選輯包括臺灣、中國與歐美等各地BL文化作品，培養出數量龐大的死忠讀者。「五花鹽出版社」在二〇一五年發行以在地視角看臺灣的雜誌《五花鹽》，總編輯吳建興試圖透過出版，讓這塊島嶼上的故事能被留下。「超展開策画」的柏雅婷，懷抱對漫畫的熱情成立子品牌「黑白文化」，以自身藝文專案管理、展覽策劃與執行、文化資產轉譯開發的專長，將出版社能做之事無限延伸。「註異文庫」的總編輯李霈群，除了發展議題如亞斯伯格、開放式關係等，也透過網路發掘

2013 年，牯嶺街書香創意市集，一人出版社的「一卡皮箱」書攤。（圖片來源：劉霽提供）

許多新世代年輕作家。

一人式出版社所見更多，包括以精緻畫冊《松風》打響名號的「奇果文創工業」、歡迎各式藝術實驗作品的「島作放送」、主打臺灣自製奇幻與推理作品的「海穹文化」，以及專注於想為「寫故事的人」出版作品的「松鼠文化」。

小誌（zine）創作

討論小型／獨立出版，也勢必提起個人出版的一種形式：「小誌」。依據路熙和簡妙如的觀察，臺灣在日治時期與戒嚴時期，就有類似小誌的地下刊物，千禧年後正式引進國際龐克樂迷小誌文化，二〇一〇年開始發展為多元多樣的小誌次文化。小誌的風格，逐漸從過去的政治性和反抗色彩，轉向藝術家書籍化和商業化。不過，隨著二〇一三年「小誌／獨立刊物市集」（Not Big Issue）和二〇一六年大型藝術書刊市集「草率季」（Taipei Art Book Fair）的舉辦，吸引數百位國內外創作者的參與，小誌仍具有全球反抗政治跨國串連的潛力。

如果以紙本化或實體化的小誌為討論對象，小誌出版與獨立出版其實沒有明顯界線，頂多區分模式在於上架通路方式的不同。出版社作為出版，原則會分為編輯、經銷與通路三點的合作。編輯通常是社內本身執行，與經銷、通路的合作則連動書的印量與發行模式。小誌製作則往往因數量有限，無法配合經銷；由自己擺攤、詢店寄售，沒有所謂「規範」，內容、發表形式、數量等，全部來自創作者本身自由意志；可能是創作者獨立手工創作，也可以搭配書籍設計師，或甚至產品設計師。辛苦可見，卻最直接從市場與讀者的角度得到作品心得。

以上架過臺北國際書展獨立出版聯盟攤位的小誌為例，常見詩人自製少量印刷的限量詩籍，如莊東橋、德尉、陳昭淵等，往往在完售後成為詩迷們的市場珍品。三貓俱樂部的家貓漫畫作品，從內容到包裝、周邊全都由創作者一手包辦，讓品牌概念完整傳達。詩人崔香蘭，與知名設計師顏伯駿合作，獨立製作自己的詩集，也進而出版了攝影作品。旅日藝術家陳威廷，則將自己的展覽作品集結成冊，以限量紙本作品方式推出。小誌創作者們，除了擺攤銷售，普遍最常合作的寄售對象，就是獨立書店與咖啡店，透過調性相似的客群選擇，召喚關注相同議題或文化的讀者。

小誌的創作風格多樣，從文字、圖像、藝術到攝影，依照個人喜好，發出自己的聲音。上排由左至右：《什麼什麼》、《間隙》、《瘋人院之旅》、《這聲音燃燒機器！》、《INDIA DIARY》；下排由左至右：《關於香港的事》、《衰弱體》、《精少壞一族》、《蟲洞博士 VOL.6 廣告名鑑》、《Together》。（圖片來源：田靖提供，曾怡甄拍攝）

小型出版、獨立出版，或小誌創作，這些代表新時代的出版模式並非全來自於「年紀」或「世代」的區分，而是對翻轉現有出版思維，踏出第一步改變的可能，用更平實的眼光去看待自我的選擇、讀者的需求。這些進行中的實驗與嘗試，儘管看來百花齊放，讓現今臺灣出版模式生氣勃勃，彷彿出版嘉年華。但無人能夠保證誰會成功，或怎麼樣算是成功。不過，獨立出版重新建立起讀者與出版者之間的關聯，進而理解每一種創作存在的原因與位置。如果有一種閱讀體驗影響了你某部分生命經驗，儘管可能是他人無法理解、視為垃圾之物，其實無妨；而獨立出版很多時候，其實是在外人這樣兩相立論相斥意見中，自顧自活下去的一種存在。

參考資料

獨立出版聯盟：https://indiepublisher.tw/zh-hant

陳夏民，《飛踢，醜哭，白鼻毛：第一次開出版社就大賣（騙你的）》（桃園：逗點文創結社，二〇一二年初版；二〇二二年二版）。

劉霽，〈讀字去旅行：獨立出版遊書展〉，《全國新書資訊月刊》第二一七期，二〇一七年一月，頁一六—一七。

鴻鴻，〈黑眼睛文化，我的邊緣游擊〉，《聯合報》聯合副刊，二〇二二年六月二十五日。

路熙，《小誌指南》（臺北：毒草，二〇二一）。

簡妙如，〈醒醒吧！台灣龐克小誌及小誌文化政治〉，《現代美術學報》第四十二期，二〇二一年十二月，頁一五四—一九六。

林奇伯，〈一人出版社崛起，小眾閱讀當道〉，《台灣光華雜誌》，二〇一三年二月，https://www.taiwan-panorama.com/Articles/Details?Guid=7f25da8d-9164-4ad0-bba7-8770f10b34ce。

李至和，〈部落格寫手　出版業新火種〉，《經濟日報》，二〇〇九年八月三十日，A10版。

蘇拾平，《文化創意產業的思考技術：我的120道出版經營練習題》（臺北：如果出版社，二〇〇七）。

虹風、李偉麟、游任道、陳安弦，《馴字的人：寒冬未盡的紙本書出版紀事》（新北：小寫創意，二〇一七）。

莊瑞琳、劉子華、劉粹倫，〈出版一本書能有多少參與社會運動的力量？〉，博客來OKAPI閱讀生活誌，二〇一三年十二月二十日，https://okapi.books.com.tw/article/2545。

16

全球與在地知識共振的時代

新世紀人文出版的典範轉移與挑戰

陳國偉

人文出版的典範轉移

在臺灣超過百年的出版史中，隨著時代的演進，對於「人文出版」的界定與範圍，也存在顯著的變化。

在二〇〇八與二〇一三年由文訊雜誌社出版的《台灣人文出版社18家及其出版環境》、《台灣人文出版社30家》二書中，勾勒了戰後到二十世紀之交的人文出版社光譜，包括出版中國古籍的廣文書局、藝文印書館、世界書局、成文出版社，中國文史哲研究為主的台灣學生書局、臺灣商務印書館、三民書局、文史哲出版社、大安出版社、里仁書局，兼顧中華文史與軍事主題的黎明文化，宗教性質的光啟文化、道聲出版社，大學專業用書的五南文化，藝術導向的雄獅圖書、藝術家出版、漢聲雜誌，從《大學雜誌》出發以時政評論為號召的環宇出版社，開發臺灣文史知識專業出版的南天書局，綜合型的人文出版正中書局，以及位處臺中同時經營宗教典籍與歌仔冊的瑞成書局等。

但在其中，最大宗的還是文學為主體的出版社，像是東方出版社、皇冠文化、純文學、爾雅、大地、洪範書店、九歌出版、遠景出版、晨星出版、水牛出版、星光出版，還有在耕耘兒童教育與青少年文學的國語日報、幼獅文化，深耕臺灣文學的春暉出版與前衛出版，引介西方文學思想與研究重鎮的志文出版與書林出版，面向英語讀者與學習的遠東圖書公司、第一出版社，聚焦於學術、經典翻譯文學與華文文學的允晨文化，橫跨文學與文化評論的文星叢刊、仙人掌出版等。還有以大學教科書起家，收購了學術性的巨流圖書、文學性的駱駝出版的麗文文化事業機構；以及至今仍非常活躍，橫跨文學、

1986 年 5 月《當代》雜誌創刊號「米修・傅柯專輯」，總編輯金恆煒。

歷史、政治經濟、影像藝術的綜合型出版社聯經出版、時報文化與遠流出版。

這樣的人文出版構圖，經歷了一九八〇年代解嚴前後臺灣社會知識思想大解禁的浪潮，迎來了西方知識典範翻譯引介的新時代，也讓原本居於人文出版核心的文學與歷史，逐漸被思想性的知識，尤其是更具西方人文社會科學領域的理論所取代。其中，一九八六年創辦的《當代》雜誌，遠流出版一九八九年開始接手的「新橋譯叢」，桂冠圖書公司在一九九〇年代推出的「當代思潮系列叢書」、「桂冠新知叢書」，以及時報文化在同時期創設的「近代思想圖書館系列」，正是最好的例子。

《當代》雜誌從第一期開始，便有意識地引介當代西方重要的理論家與學派，包括傅柯（Michel Foucault）、德希達（Jacques Derrida）、科學哲學（Philosophy of science）、新馬克思主義（Neo-Marxism）、後現代主義（Postmodernism）等，試圖打開人文思想的新局面。遠流「新橋譯叢」則是從孔恩（Thomas Kuhn）《科學革命的結構》、韋伯（Max Weber）的選集、紀登斯（Anthony Giddens）的《資本主義與現代社會理論》作為開端。而桂冠的「當代思潮系列叢書」則是從卡西勒（Ernst Cassirer）《語言與神話》、傅柯的《性意識史（第一卷）》、羅蘭・巴特（Roland Barthes）《寫作的零度》開始。而無獨有偶的，時報文化的「近代思想圖書館系列」一開始則是推出三大冊馬克思（Karl Marx）的《資本論》，但也同樣出版了韋伯的《社會科學方法論》、羅蘭・巴特《寫作的零度》、哈山（Ihab Hassan）《後現代的轉向》、加達默爾（Hans-Georg Gadamer）《真理與方法》以及李維斯陀（Claude Levi-Strauss）《神話學：從蜂蜜到煙灰》等。可見當時歐陸思想、資本主義

1989 年起，桂冠出版社推出「當代思潮系列叢書」。（圖片來源：曾怡甄攝自臺灣文學館）

批判與新馬克思主義、後現代與後結構主義，以及社會科學的方法論與理論學說，深得當時臺灣的知識界喜愛，而這也形塑了一九九〇年代以後臺灣人文出版在西方理論翻譯引介的基本路徑。

不過無論是從余英時為「新橋譯叢」書系所撰述的總序中，公開揭示選譯範圍觸及更廣泛的人文社會科學領域，包括哲學、思想史、歷史學、社會學、政治學與經濟學等。而桂冠的「當代思潮系列叢書」也在涵蓋前述「新橋譯叢」的領域基礎上，多增加了宗教學、藝文、語言學、心理學、教育學、法律學、傳播學等學門。都可以看出知識界與出版界對於過去幾十年因為戒嚴體制所造成的譯介「時差」，希望能夠迎頭趕上，並且更全面且體系性地學習與接受，因此明確地以西方知識體系為座標，並試圖開啟更跨領域的視野與歷史縱深，引領出全新的「人文領域」圖景與想像。可說為臺灣一九九〇年代甚至是二十一世紀之後的「人文出版」，奠定下重要的典範轉移，至今仍影響深遠。

本土知識典範的重構與引揚

解嚴帶來的不僅是全球知識的重新入境，也同時激發了本土知識的重新挖掘與深化，並且更進一步發展為「臺灣學」。一九七六年成立的南天書局，就是在這個本土化浪潮下，重要的出版代表。他們重印日治時期伊能嘉矩、森丑之助、鹿野忠雄等知名人類學家的日文調查專著，臺灣總督府「臨時臺灣舊慣調查會」編印的《臺灣番族慣習研究》、《番族慣習調查報告書》等套書，以及成立「臺灣原住民系列」叢書，出版許多具代表性的當代原住民族部落政治、文化、宗教與歷史調查的專書，甚至也包括原住民族的影像誌。此外，他們也透過「南天台灣研究」叢書，出版臺語（閩南語）與俗諺，清治時期的黨會史、拓殖史、海上貿易等主題書籍，以及日治時期的戲曲、教育、藝術等領域研究，也重新印製日文的《臺灣總督府警察沿革誌》。不僅如此，他們也不惜重本出版「原住民族歷史地圖集」、「日治時期台灣都市發展地圖集」、「臺南四百年古地圖集」等古地圖系列，提供研究者重要的史料文獻。到了近年，他們也致力於客家研究的開拓，涵蓋族群、語言研究與教學、性別，也

南天書局於 1983 年景印《番族慣習調查報告書》8 冊，1995 年復刻《臺灣番族慣習研究》8 冊。（圖片來源：《番族慣習調查報告書》由張俐璇攝自南天書局、《臺灣番族慣習研究》由曾怡甄攝自臺灣文學館）

觸及內埔、六堆等客家傳統地區的族群生態。從他們出版上的多面向，兼顧深度的學術與一般讀者的推廣，可說是臺灣本土知識保存與再生產的重要出版基地。

而另一個重要代表，便是老字號的遠流出版社，同樣也推出了以伊能嘉矩、森丑之助、鳥居龍藏等日本人類學家的臺灣踏查的書系「台灣調查時代」，地誌與鳥瞰地景為主軸的「台灣圖典」書系，具有重要學術意義的「臺灣史與海洋史系列」、「台灣南島語言」與「台灣產業研究」、「客庄生活影像故事」書系，以涵蓋雷震、柏楊、戴國煇等為對象的重量級文集、回憶錄，以及臺灣社會未來展望的「本土與世界」書系。當然，為了深化年輕世代對於臺灣的理解與

認同，包括「台灣放輕鬆」、「台灣小說青春讀本」、「台灣真少年」、「台灣館」等書系，也透過文學與主題導覽，拓寬本土知識的接受視界。

但對於本土知識建立最全面的出版，應該還是要屬在戒嚴時期就被稱為「臺灣文學的最後堡壘」的前衛出版社。也從文學出發，擴及更多的人文專業出版，包括以「新台灣文庫」、「台灣文史叢書」、「新國民文庫」等出版了許多不同領域背景的本土知識分子的回憶錄、傳記、口述歷史、紀實報導、文化評論。而在「前衛政經文庫」、「台灣國民文庫」、「台灣風雲系列」、「教授論壇叢書」等系列，則是出版了具有臺灣主體性的政治、經濟、國際專業觀察。當然像是「台灣自然生態叢書」、「台灣自然史系列」等自然生態主題，

春山出版社與國家人權博物館合作，在 2020 與 2021 年推出「讓過去成為此刻：臺灣白色恐怖小說選」4 卷和「靈魂與灰燼：臺灣白色恐怖散文選」5 卷，胡淑雯、童偉格主編。（圖片來源：曾怡甄攝自臺灣文學館）

還有「台語文學叢書」、「台灣語言研究叢書」、「台灣文學研究系列」、「台灣作家全集」，則是重量級的本土語言與文學出版工程。而為了讓臺灣本土觀點的出版極大化，前衛除設立子品牌「草根出版公司」外，更轉型為「前衛出版同盟」，擴大代理游擊文化、公共冊所、台語傳播等品牌，以進行更具規模且系統性的本土知識再生產。

這種對於「臺灣學」知識生產的整體性欲求，很清楚地反映在許多具特色的出版企劃上。像是搭配台原藝術文化基金會所成立的台原出版社，推動專業的臺灣風土叢刊出版，涵蓋民俗、戲曲、音樂、歷史、工藝、原住民等領域；晨星出版社知名的「台灣原住民系列」以及「彰化學叢書」。又或如前面曾提及的南天書局與前衛出版社，分別出版了李春生與王育德兩位重要的本土思想家作品集與全集。另外像時報文化的「歷史與現場」書系中，一九九〇年代初期藍博洲首度以《沉屍・流亡・二二八》、《幌馬車之歌》揭開了潛藏在臺灣民眾史中的左翼記憶，並搭配著林書揚、蘇新、陳翠蓮的著作，初步展示了被壓抑已久的二二八與白色恐怖歷史真實。因此延續到二〇一〇年代衛城出版《無法送達的遺書》及春山出版的兩大套「讓過去成為此刻：臺灣白色恐怖小說選」、「靈魂與灰燼：臺灣白色恐怖散文選」，則是更完整地重建臺灣人受難心靈最深處的集體記憶與歷史。又或者搭上當前的視覺風潮，搭配圖像與影像來介紹臺灣歷史與地理，像是遠足文化出版的一百冊「台灣地理百科」書系，試圖將自然與人文地景結合；玉山社「影像・台灣」系列則是以「看見老台灣」為宗旨，出版主題橫跨鐵道、火車、建築、音樂、電影、漫畫等，提供豐富的文史紙上視覺饗宴。

數位時代的人文出版挑戰

然而隨著一九九〇年代中期以後網路崛起，不僅改變了知識形塑、傳播與流通的模式，我們所身處的社會所面臨的問題，也與過去大相逕庭，必須有新的思考迴路來應對。像是由於數位資料庫與數位人文研究的興起，大部頭的文獻史料已經很難再以紙本復刻出版，然而有些報刊雜誌以及圖像，必須在整個版面中才能被完整呈現，也因此對於數位化也形成挑戰，甚至因為技術問題而被暫時擱置。

其次，臺灣解嚴之後對於出版的自由開放，也讓簡體字出版書籍在臺灣的人文閱讀市場上攻城掠地，嚴重挑戰臺灣出版界的引介與翻譯意願。一九九〇年代以後，除了少數專業出版社，如女書文化有意識地出版性別理論與相關專論，還有群學出版社對於地理學、都市研究、地方創生等議題的系統性引進，以及後殖民主義與國族主義的相關思潮散落在時報文化、麥田出版、立緒文化等出版社外。如德勒茲（Gilles Deleuze）、布迪厄（Pierre Bourdieu）、洪席耶（Jacques Rancière）、阿岡本（Giorgio Agamben）、韓炳哲（Byung-Chul Han）等備受矚目的思想家，相較於簡體字版動輒全集式的出版，在臺灣都只有零星的繁體譯本。以至於臺灣學術界與知識界近期關注的幾位思想家包括斯蒂格勒（Bernard Stiegler）、西蒙東（Gilbert Simondon），目前也只有簡體字譯本在坊間流通。

再者，由於新的地緣政治所引發的歷史認識需求，反映在引進新視野的歷史學理論與專著。像是麥田出版社分別以「純智歷史名著譯叢」與「歷史與文化叢書」兩個書系，引介史景遷（Jonathan D. Spnce）《婦人王氏之死》、戴維斯（Natalie Zemon Davis）《檔案中的虛構》、湯普森（E. P. Thompson）《英國工人階級的形成》、沃爾夫（Eric R. Wolf）《歐洲與沒有歷史的人》、柏克（Peter Burke）《製作路易十四》、詹京斯（Keith Jenkins）《歷史的再思考》等重要的理論性思考；或是「20世紀的20天」提供二十世紀歷史轉捩點的重新思考。而無論是八旗文化引進日本講談社版本的「興亡的世界史」書系，以及提供形形色色的當代國際政治與中國觀察；或是聯經出版的「歷史大講堂」書系中，無論是從經濟貿易、

2019年，史書美、梅家玲、廖朝陽、陳東升主編《台灣理論關鍵詞》，聯經出版。（圖片來源：曾怡甄攝自臺灣文學館）

物品、博物館、農民工、飲食等有別以往的角度觀看世界史、亞洲史、中國史、日本史、西藏史、沖繩史、猶太族裔史、戰爭史等，也讓歷史的重層性與嶄新的微觀視野展露無遺。

當然，隨著人文知識的細緻專業化與跨領域化，讀者的分眾現象也越明顯，因應於不同讀者需求的獨立出版也如雨後春筍般興起，或是開拓新的文學閱讀社群，或是以工匠的姿態製作手工詩集或各種小誌，讓出版物也變成一種藝術品；或是凝聚不同的民間力量，進行各種弱勢的結盟與救援。而這些獨立出版也總是能透過每年的臺北國際書展，以「讀字辨桌」、「讀字上雲端」、「讀字便利店」等形式集結堂堂現身。此外，近年大學出版社紛紛林立，也讓更多學術性的理論發展與研究成果，能夠以更專業的平臺與社會對話，也展現出人文出版的多元性。

最後，人文思考的最新趨勢，便是科技與人文如何透過更多的對話與合作，去回應當前關於環境生態、多元生命與物種、動物研究等最新型態的人文關懷。因此哈洛威（Donna Haraway）的〈賽柏格宣言〉（A Cyborg Manifesto），海爾斯（N. Katherine Hayles）的《我們如何變成後人類》（臺譯《後人類時代》），以及對「科技研究」（STS）發展影響甚鉅的拉圖（Bruno Latour）的思想，也終於陸續引進。本地學者的回應，像是張君玫的專著《後殖民的賽伯格》、李育霖與林建光主編的《賽伯格與後人類主義》、黃宗慧的《以動物為鏡》以及與黃宗潔合著的《就算牠沒有臉》，甚至是史書美帶領超過三十位臺灣學者合著的《台灣理論關鍵詞》，都可以看到臺灣的人文出版，已經進入了全新的階段，並且在知識與理論的生產上，進入了重要的在地化階段。

參考資料

封德屏主編，《台灣人文出版社30家》（臺北：文訊雜誌社，二〇〇八）。

封德屏主編，《台灣人文出版社18家及其出版環境》（臺北：文訊雜誌社，二〇一三）。

史書美、梅家玲、廖朝陽、陳東升編，《台灣理論關鍵詞》（新北：聯經，二〇一九）。

凱瑟琳．海爾斯（N. Katherine Hayles），《後人類時代：虛擬身體的多重想像和建構》（臺北：時報文化，二〇一八）。

李育霖、林建光編，《賽伯格與後人類主義》（臺灣：Airiti Press Inc.，二〇一三）。

column

特寫

政治、升學與教育理想

五十年來的國文教科書

吳昌政

教科書生態系統

期末考試結束那天，一輛藍色大卡車開進校園，整棟樓的學生抱著教科書與相關的學習資料，拋擲到卡車腹中，不一會兒就看見一座隆起的紙山。滿車的教科書，明日會在哪裡？「今日的教科書，明日的心智」這句廣受徵引的格言，會不會高估了教科書呢？

回到問題的原點：什麼是教科書？我們需要怎樣的教科書？誰來編寫教科書？根據什麼？又由誰、怎麼決定選用教科書？繼續追問這些問題，就可以描繪出圍繞著教科書的生態系統，形成特殊的出版風景。

讓我們想像一個「教科書生態系統」，其中包含了出版、編輯、教師、學生、課綱、審定等相互牽引的要素。這些要素又可以兩兩一組，分別歸入「生產與行銷」、「教學與升學」與「政策與制度」三個面向。

本專欄打算以這個生態系統圖為背景，設置三個重要的時間座標，簡要勾勒臺灣近半個世紀以來的國文教科書發展概況，看看它是如何在多重的角力與互動底下，打磨成現在的模樣。

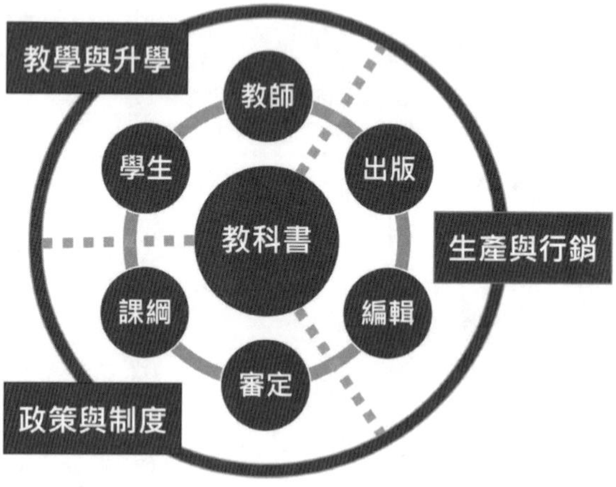

教科書生態系統。教科書出版與教育場域的其他要素息息相關，有特殊的生成脈絡、知識系統、市場需求與出版機制。（圖片來源：吳昌政提供）

九年國民義務教育與統編本國文課本

時間推溯回一九六八年，九年國民義務教育拍板定案，新的統編本國中國文課本蓄勢待發，由國立編譯館承擔此項任務。一九七二年，齊邦媛在國立編譯館工作，兼任教科書組主任，負責人文社會各科的編寫計畫。當時齊邦媛籌組新的國文課本編審委員會，邀請臺大中文系主任屈萬里擔任主任委員，以及張亨、戴璉璋、吳宏一等學者擔任編輯委員。他們拿下原本課本中許多政治文告，增添了黃春明的〈魚〉那樣的作品，讓國中生們看到臺灣已經有傑出的當代文學作家，寫出源自於土地的真實生活與真實情感。

二〇一四年張亨在國家教育研究院的口述歷史研究中回憶道：「如果說我們的編選有什麼特色，就是以學生的興趣與程度為主，回復語文教學的本質，丟開意識形態的灌輸，讓學生不再排拒國文課程，進而能夠愛好和欣賞語言文字之美。」這樣的觀點如今讀來，猶然擲地有聲，在當時要這麼做，就不只需要見識，更需要道德勇氣來面對威權壓力。

舉一件差不多時間發生在高中國文課本的例子。當時課程標準，訂出的編輯目標包含：「灌輸固有文化，啟迪時代思想，以培養高尚道德，加強愛國觀念，弘揚大同精神。」一九七一年周何主編高中國文統編本，即因為「內容違反編輯目標」，在三年後被監察院糾正。

九年一貫課程與一綱多本

一九九九年，搭配九年一貫課程綱要的「一綱多本」正式上路。這意味著統編本教科書將走下歷史舞臺，中學以下的國文課本不再由隸屬教育部的國立編譯館負責編印。隨著教科書市場開放，國立編譯館轉型協助教科書審查，一直到二〇一一年併入國家教育研究院。

制度上開放了多元的教科書版本，但可能由於編、審委員的觀點與視野，也可能考量現場教師的使用習慣，新版本高中國文教科書在體例上突破不大，只是添了一些新選文。國文教科書一直以來給人的印象，仍然是包羅了古今詩歌、散文、小說的拼盤雜燴，每道菜自有不同的文體與文類風味，混在一起卻無法引起食慾。

一綱多本元年，九種新課本（正中、東大、翰林、南一、龍騰、康熙、大同資訊、

「一綱多本」初期的高中國文教科書八種，呈現編輯與出版端對於國文教學的多元想像。（圖片來源：吳昌政攝自國家教育研究院教科書圖書館；缺東華版本）

三民與東華出版社）中，只有三民版採用單元式編排，每單元包含兩篇文本，並且列出了單元主題與文本比較表，供師生教學參考。然而之後改版，單元主題設計取消，也變得與其他版本一樣。第二部採用主題編排的國文課本，是時隔近二十年，一〇八課綱施行第一年進入教科書市場的奇異果版本。只不過，市場銷售成績並不理想。

一綱多本實施之前，統編本是升學考試的內容與命題標準，因此「以教科書為中心」或者「考試引導教學」一直是教學現場主流。這個階段的教科書是升學必經階梯，也帶動了金流量可觀的參考書產業。一綱多本實施之後，多數教師習慣依賴出版社提供的課本與輔助教材。也就是說，教師不只是選擇「國文課本」，更重視課本配套的輔助教材，包含多元教學資源、電子題庫光碟、符合考試趨勢的講義與測驗卷等。這些功能性突出的出版品圍繞著國文教科書出現，也成為值得關注的出版現象。

十二年國民基本教育與核心素養

二〇一九年進入「十二年國民基本教育」時代，國民教育的目標是培養終身學習者。一〇八課綱高舉「核心素養」大旗，期待養成公民為適應現在生活與未來挑戰，所應具備的知識、能力與態度。

在這波教育變革潮流底下，九年一貫課程以來推動的議題融入教學更強而有力地反映在課本選文，回應性別平等、人權、環境與海洋教育等重大議題。國文課本調降每冊課次，調降文言文課次比例，調降核心古文推薦篇數。

與此同時，誕生了第一部由群眾募資編印的高中國文課本（奇異果出版）。這當然也是「政治」力量的展現，卻與過去上對下的威權關係大異其趣。放在教科書商品化與出版社資本集中的趨勢來看，這項募資活動也不妨視作一場帶有公民運動性質的、對於既有國文教科書體制的革命。

新課綱的火車頭持續催動，國文教科書「生產與行銷」、「教學與升學」與「政策與制度」三個面向都運轉起來。課綱中還是有「推薦選文」與「文白比例」的限制，教師們卻越來越清楚教學「文本」不必受限於「課本」，也越來越明白如何應用教科書進行課程轉化。教科書的審定制度仍在，但是審查人與審查基準都是公開訊息，審查過程相較以往更加透明，也多了申覆交流的機會。

儘管升學主義依然盤桓不去，仍有理由相信未來出版社將擁有更好的條件，懷抱理想與想像力，融合學科知識、教學理論、實務需求與教科書設計，投入下一輪國文課本的再建構工程。

參考資料

張亨，〈國中國文編選經驗及意見〉，載於彭毅主編，《往光亮的方向：張亨教授紀念文錄》（臺北：彭毅，二〇一四），頁三一八—三二一。

陳柏宇，《戰後台灣高中「國文」課程綱要的演變與爭議（一九五二—二〇一九）》（臺南：國立成功大學台灣文學系碩士論文，未出版，二〇一九）。

陳麗華，〈評介「為學習而設計的教科書」及其對我國中小學教科書設計與研究的啟示〉，《教科書研究》第一卷第二期，二〇〇八年十二月十五日，頁一三七—一五九。

齊邦媛，《巨流河》（臺北：天下文化，二〇二〇）。

柯慶明，《沉思與行動：柯慶明論臺灣現代文學與文學教育》（臺北：國立臺灣大學出版中心，二〇二一）。

column

特寫

bat-jī
「捌字」的百年進行曲

臺語文出版的回顧與前瞻

鄭清鴻

「有字」的天書

在臺灣「華語／中文為大」的出版環境中，臺語及其他本土語文出版品，可說是奇特的文化風景。最明顯的奇特處在於：臺語文的書寫方式相當多元，放眼全世界，臺語文可能是少數仍在建構書寫形式的瀕危語言。

此外，臺語曾為臺灣的主要通行語言，目前也仍為使用人口僅次於華語的本土語文，但大多數讀者和臺語文之間的距離，卻可能比一般人和學術研究專書之間還要遙遠。作為當代的「有字天書」，臺語文的出版可謂真實反映臺灣人與臺灣語言文化之間「既熟悉又陌生」的斷裂，以及潛藏其中的某些偏見——例如認為臺語只是「有音無字」的「方言」，只要會聽說就不必會讀寫，或認為臺語不需要標準化，只要在家學就好。

儘管如此，臺語文的出版卻始終未曾間斷，一直在主流、商業市場的邊陲持續「發聲」，近年甚至躍升為文化出版關鍵字，能見度已不可同日而語。究竟這場臺灣人「捌字」（bat-jī，識字）啟蒙的苦鬥如何開始？又怎樣延續至現當代？且讓我們回到百年前，探索臺語文出版的起源與脈絡。

混沌初開：戰前的臺語文出版

臺語文的書寫形式可分兩大系統，即「漢字」與「羅馬字」。現存最早的閩南語漢字書面文獻，可溯及一五六六年出版的《荔鏡記》，以及其後的各種南管、歌仔戲文與古典漢文作品。

日本時代，為回應「言文一致」、「我手寫我口」的文學改革，以及往下層階級的社會啟蒙，在中國白話文的刺激下，臺語因而進入現代化進程，發生「臺灣話文論戰」。賴和、郭秋生、蔡秋桐等作家嘗試在創作中透過漢字實現臺語文字化，並以《南音》雜誌作為臺灣話文運動的園地。儘管囿於進入戰爭期、國語政策與語言環境改變，加以各種歧見難以整合，臺灣話文最後未能發展成熟，但也留下相當的基礎。

至於由基督長老教會傳入，於廈門創設的羅馬字（白話字），則以傳教之需，並以克服漢字門檻、快速提高民眾識字率為目標，在臺灣落地生根。一八八五年，英國長老教會巴克禮（Thomas Barclay）牧師開辦的《Tâi-oân Hú-Siâ^{n} Kàu-Hōe-Pò》（臺灣府城教會報），作為臺灣第一份報紙，即以臺語白話字寫成。出版品方面，除了白話字聖經以外，有蔡培火《Cha̍p-hāng Koán-kiàn》（十項管見）的社論散文，賴仁聲《Àn-niá ê Ba̍k-sái》（阿娘的目屎）、鄭溪泮《Chhut Sí-sòa^{n}》（出死線）等長篇小說，以及《Lāi Gōa Kho Khàn-hō͘-ha̍k》（內外科看護學）、《Sin-thé-lí ê Chóng-lūn》（身體理的總論）、《Tē-lí Kàu-kho-su》（地理教科書）等專書出版。雖然受到日本統治的壓制以及宗教性的侷限，白話字的全面推展始終有其困難，且後來也逐步被禁，不過這些出版品的累積，仍對同時代的知識人產生若干影響。

母土洄游：戰後的臺語文刊物與出版

臺語文在戰前經歷不少壓抑，但到戰後，受到下一個國語政策的影響卻更為劇烈。儘管民間能見臺語漢字辭典韻書，以及歌謠、歌仔冊等通俗內容流通，教會亦有報刊、教材與文學作品出版。然而，在一九四六年「臺灣省國語推行委員會」成立後，羅馬字不但再次被禁，戰前「臺灣話文」的未竟之業，也逐漸被埋沒在國語／中文的脈絡和聲音當中。縱然有關於「方言」書寫的零星討論，但臺語及其他本土語文幾乎難有創作、論述的出版生存空間。

也因此，戰後臺語文的出版與發展，不得不隨著臺灣知識人移動甚或流亡的足跡，在海外逐漸萌芽。日本方面，如王育德出版臺語辭書、於《臺灣青年》中發表相關論述；美國方面，則有紐約的李豐明、陳清風、鄭良偉等人於一九七五年創辦《台語通訊》（一九七七年改為《台灣語文月刊報》，一九七八年改名《台灣論報》，一九七九年停刊），以及一九九一年鄭良光於洛杉磯創辦《台文通訊》。其他如《台灣公論報》、《台灣學生》、《台灣文化》、《太平洋時報》等媒體，亦有刊載臺語文相關內容。

至於本島的臺語文出版，則在激越的民主化浪潮下衝出禁忌破口，以文化運動的姿態持續參與臺灣認同的建構、定義臺灣文學的主體與邊界，並將海外的累積接枝回島。除了七〇、八〇年代中後期開始有臺語文作品陸續出版，以及如《台灣新文化》、《新文化》等雜誌，或如《自立晚報》、《民眾日報》等報紙副刊可見臺語文論述與作品發表外，一九九〇年代，更有《台語文摘》、《HONG-hiòng》、《蕃薯詩刊》、《台語風》、《台語學生》、《茄苳台文月刊》、《掖種》、《台江詩刊》、《台文BONG報》、《台語世界》、《菅芒花詩刊》、《時行台語文月刊》、《島鄉台語文學》、《蓮蕉花台文》、《TGB通訊》等臺語文刊物與團體、組織大量冒現，堪稱臺語文出版史上頗具規模的爆炸性成長，並凝聚成一股激發本土出版社推動臺語文出版品的能量和願景。而在二〇〇〇年後，《海翁台語文學》、《台文戰線》與《臺江臺語文學》等民間與官方刊物持續開拓臺語文創作、出版的園地，迄今不輟。

此外，在文化部補助下，第一部附臺語有聲朗讀的《小王子台語版》於二〇二〇年出版後，旋即成為當年度「臺語」、「有聲」的現象級盛事，並帶動一波臺語文繪本、經典翻譯的市場熱潮。然而，世界經典臺譯亦非一蹴可幾，同樣要追溯至一九九五年吳宗信等人發起的「五%台譯計畫」，二〇〇二年張春凰、江永進推動的「台文一〇〇一譯」，與二十多年來諸多前人的實踐與累積，方能理解世界經典臺譯的出版於推動臺語文現代化的前瞻性，以及為當今經典翻譯留下的各種豐富資產。

而在二〇一八年《國家語言發展法》通過、二〇一九年「公視台語台」成立，以及文化部對本土語文、語言友善議題的關心與挹注下，臺語文出版如何延續並實現臺灣人對「言文一致」的追求，在自由開放的書寫試驗中，逐步克服當前字體、排版與各種跨域應用的「數位手工業」困境，呈現更成熟的當代樣貌與內涵？更重要的是，臺語與其他本土語文的出版，又該如何持續引領臺灣讀者理解臺灣多

2020 年，蔡雅菁由法語翻譯台語的《小王子》。
（圖片來源：前衛出版社）

Before

10 散：sàn，貧窮。
11 株券：tu-kǹg，日語借詞，原讀「かぶけん」；股票。
12 婦人人：hū-jîn-lâng，婦人、婦女。
13 鮮沢：tshinn-tshioh，鮮豔、整潔、亮麗。
14 貧惰：pîn-tuā nn，懶惰。
15 活動：uah-tā ng，活潑開朗。

After

10 散：sàn，貧窮。
11 株券：tu-kǹg，日語借詞，原讀「かぶけん」；股票。
12 婦人人：hū-jîn-lâng，婦人、婦女。
13 鮮沢：tshinn-tshioh，鮮豔、整潔、亮麗。
14 貧惰：pîn-tuānn，懶惰。
15 活動：uáh-tāng，活潑開朗。

2022 年呂美親主編《台語現代小說選》中的注腳字體，可發現直接套用羅馬字仍會發生少許問題。且臺語漢字與羅馬字字體之間的搭配協調，以及版面美學設計建構，相較於華文出版品而言更為細膩複雜。（圖片來源：鄭清鴻提供）

元的語言及文化，願意從「聽」、「說」進入到「讀」、「寫」，正視傳承本土語文的重要性，以及習得完整語言能力的必要性，藉以從那段被噤聲的歷史當中縫合舌頭、開口復健，建構更完整的臺灣主體性？

或許還有很長的路要走，但且認真聆聽這首臺灣人「捌字」（bat-jī）的百年進行曲，我們會聽見臺語文出版的樂音，已然行過陰鬱，跨越激昂，進入明亮成熟、輕快活潑的美麗章節，為這塊土地更多的眾聲合奏努力著。

參考資料

方耀乾，《台語文學史暨書目彙編》（高雄：台灣文薈，二〇一二）。
呂美親編，《台語現代小說選》（臺北：前衛，二〇二二）。
「21st Century 台語文學：近二十年台文創作」專題，《文訊》第四四一期，二〇二二年七月。

後記：百年出版江湖，持續更新中

林巾力
國立臺灣文學館館長

臺灣的人文出版已經發展了超過一百年，在競爭激烈的出版環境中闖出一片天地的出版人、編輯與寫作者，因為有他們的拚搏與付出，作為讀者的我們才能享有閱讀的豐富與美好。這些出版人、出版事，值得好好記錄保存。

《出版島讀》是國立臺灣文學館「江湖有字在：臺灣人文出版史特展」的延伸，既是展覽圖錄，也是集合諸多研究者成果的專書。展覽不免有其時空限制，在臺文館舉行的特展，將隨著展期結束而卸除，然而專書進一步針對不同的出版議題進行深入的討論，再經過嚴謹的編輯出版程序，最終成為讀者眼前所翻閱的這本專書。過程當中所歷經的企劃、撰稿、編輯到印製出版的過程，無一不是集合眾人的智慧與勞力才能夠完成的。

本書由張俐璇擔任主編，邀集相關

領域的專家學者撰寫二十二篇專文。以時空脈絡為經，議題敘事作緯，綜述臺灣百年來的人文出版系譜，允為出版史論述的宏觀視野；同時也有諸如「瓊瑤傳奇」等獨立特寫的小故事，盼可觸及更廣的閱讀經驗。

文化部李永得部長期關注臺灣出版動態，對於本次特展亦大力支持，將此重大責任交予臺文館執行。我們很榮幸與時報文化共同合作，時報文化是資歷豐富且具企業規模的出版公司，本身已是臺灣出版史上的重要一頁。承蒙胡金倫總編輯率領的編輯團隊辛勞投入，亦為本書最主要的功臣之一。

最後，書名取作「出版島讀：臺灣人文出版的百年江湖」，自是向百年來的臺灣出版界致上敬意。出版的江湖路雖長，除了險惡亦有俠義，三言兩語道不盡。幸而出版產業尚有各路好手前仆後繼地參與其中，出版史尚未完成，仍將持續更新中，一頁一頁地往前邁進。

作者簡介

蘇碩斌

現任臺大臺文所教授。臺大社會學博士。曾任國立臺灣文學館館長、文化研究學會理事長，研究領域為文學社會學、臺灣文化史、非虛構寫作等。著有《看不見與看得見的臺北》專書、期刊論文〈文學的時空批判：由〈現此時先生〉論黃春明的老人系列小說〉等文章，另主編《百年不退流行的台北文青生活案內帖》（與張文薰）及《終戰那一天：臺灣戰爭世代的故事》，譯有《博覽會的政治學》（共譯）、《媒介文化論》、《都市的社會學》等作品。

蔡易澄

東華華文系畢業，現就讀臺大臺文所博士班。碩士論文《千禧年後台灣文學社群的生產與介入——以「小說家讀者」為觀察核心》獲楊牧文學獎。著有〈葉笛與他的吉他〉、〈楊雲萍與他的戰爭時代〉等臺文館藏品轉譯文章。另曾獲「文化部青年創作補助」、打狗鳳邑文學獎、後生文學獎等獎項，預備出版個人第一部小說集。

劉柳書琴

柳書琴，清華大學台灣文學所教授，專攻日治時期臺灣文學。專著有《荊棘之道》（二〇〇九）、《殖民地文學的生態系》（二〇一二）等二本；編著有《日治時期台灣現代文學辭典》（二〇一九）、《東亞文學場》（二〇一八）、《戰爭與分界》（二〇一一）等三本；共同編著有《後殖民的東亞在地化思考》（二〇〇六）、《台灣文學與跨文化流動》（二〇〇六）、《帝國裡的「地方文化」》（二〇〇八）等三本圖書。曾獲國科會吳大猷先生紀念獎、清華大學新進人員研究獎、巫永福文學評論獎、中山學術著作獎、TSAA亞太暨台灣永續行動獎銀牌獎。

林月先

臺大生化科技系畢業，臺大臺灣文學碩士，曾任出版社編輯。碩士論文《殖民地臺灣出版業的誕生：思想戰與「國民／島民公共領域」的結構轉型》獲國立臺灣圖書館、文化研究學會等論文獎，改編影視提案《假面的編輯術》（共創）入圍第三屆野草計畫。合著有《百年不退流行的台北文青生活案內帖》、《臺北城中故事：重慶南路街區歷史散步》，小說、評論散見自由副刊、報導者、放映週報等。

張文薰

現任臺灣大學臺灣文學研究所副教授兼所長。臺灣大學中文系畢業，日本東京大學博士。研究日治時期臺灣文學、臺灣文學史，關注東亞文化交涉、中日臺比較文學，並從事日本近現代文學譯介工作。近年論文〈從「異國情調」到「文人意識」：佐藤春夫之「支那趣味」研究）〉（二〇一九），譯作《被擺布的台灣文學：審查與抵抗的系譜》（河原功著、共譯，二〇一七）、《花街、廢園、烏托邦：都市空間中的日本文學》（前田愛著，二〇一九）。

楊佳嫻

現任國立清華大學中文系副教授。國立臺灣大學中文所博士，研究領域為上海文學文化、文學與性別、文學與城市等等。並長年擔任臺北詩歌節策展人、性別運動組織「伴侶盟」理事。著有詩集《你的聲音充滿時間》、《金烏》等四種，散文集《雲和》、《瑪德蓮》、《小火山群》等五種。另編有《當我們重返書桌：當代多元散文讀本》、《刺與浪：跨世代台灣同志散文讀本》等選集多種。

張俐璇

成功大學台灣文學博士，現任臺大臺文所副教授、文化研究學會祕書長。曾任台灣文學學會創會祕書長、《台灣男子葉石濤》紀錄片企劃、《台灣文學英譯叢刊》第五十期客座主編。研究領域為戰後臺灣文學場域、白色恐怖時期文藝報刊。著有《兩大報文學獎與台灣文學生態之形構》、《建構與流變：「寫實主義」與臺灣小說生產》，並與臺大臺文所研究生合作桌遊《文壇封鎖中》，由國立臺灣文學館出版。

王梅香

清華大學社會學博士。目前任教於中山大學社會學系副教授，同時也是文化研究學會的理事。專業領域是東南亞文化冷戰、文化社會學和藝術社會學。教授「閱讀與寫作」、「藝術社會學」、「社會調查與研究方法」和「報導文學與社區發展」等課程。博士論文是《隱蔽權力：美援文藝體制下的台港文學（一九五〇—一九六二）》，主要探討美國新聞處在臺港的文化宣傳與文學生產。近幾年，將研究重心轉到新加坡、馬來西亞與泰國，透過冷戰時期東南亞各國文化冷戰不同個案的比較，回應美國權力在東南亞的運作邏輯。著有〈冷戰時期非政府組織的中介與介入〉（二〇二〇）。

王鈺婷

國立成功大學台灣文學研究所博士，現任國立清華大學台灣文學研究所教授兼所長，研究領域為臺灣戰後女性文學、散文研究及臺港文藝交流。著有專書《女聲合唱：戰後台灣女性作家群的崛起》、《身體、性別、政治與歷史》，編有《性別島讀：臺灣性別文學的跨世紀革命暗語》，並編選《臺灣現當代作家研究資料彙編31：艾雯》、《臺灣現當代作家研究資料彙編64：鍾梅音》、《臺灣現當代作家研究資料彙編108：郭良蕙》。

金瑾

清大人社系畢業，主修社會學。清大台文所碩士，研究領域為後殖民與現代性關聯，碩士論文《女作家的越界書寫與現代性想像：以徐鍾珮、吉錚、三毛為例》。

金儒農

國立中興大學中國文學系博士，現為國立中山大學社會實踐與發展研究中心博士後研究員、文化研究學會副祕書長。研究專長有臺灣現當代小說、社會實踐與地方創生、文化研究理論、全球流行文化與產業分析、東亞大眾文學與出版。曾擔任國立臺灣文學館「臺灣文學史數位編纂暨建置計畫（三）」共同主持人、亦曾獲文化部「一一〇年度青年創作獎勵」。另以筆名曲辰撰寫評論，散見於近百本出版品。

李淑君

現任高雄醫學大學性別研究所副教授，國立成功大學台灣文學博士。研究興趣為臺灣文史與性別研究。著有專書《黨外女性的他者敘述與自我敘述：民主與性別的歧義分析》、期刊論文〈國家不想要的人：《超級大國民》的哀悼政治〉、〈一九五〇年代白色恐怖左翼女性政治受難者：女性身分、女性系譜、政治行動〉、〈「告密者」的「戰爭之框」：施明正、李喬、鄭清文、葉石濤筆下「告密者」的框架認知與滑動〉、〈言說之困境與家／國「冗餘者」：論胡淑雯的白色恐怖書寫與政治批判〉等。

楊宗翰

現為國立臺北教育大學語文與創作學系副教授，曾任淡江大學中文系副教授。著有《破格：臺灣現代詩評論集》、《逆音：現代詩人作品析論》、《異語：現代詩與文學史論》、《台灣新詩評論：歷史與轉型》、《台灣現代詩史：批判的閱讀》、《台灣文學的當代視野》，並與孟樊合著《台灣新詩史》。曾主編《話說文學編輯》等七部圖書，合編《逾越：台灣跨界詩歌選》等八部圖書，與策劃「台灣七年級文學金典」等五種系列出版品。

趙慶華

國立成功大學台灣文學系博士，現為國立臺灣文學館助理研究員、南華大學通識中心兼任助理教授、台南社區大學講師。靜如宅宅，動如肉腳，熱愛汪星人（也愛喵星人），夢想走遍全世界不只千里的步道。對於文學中的族群、性別、生命史書寫、身分認同等議題最感興趣，特別關注與戰後移民有關的書寫。博士論文以「紙上的我（們）——外省第一代知識女性的自傳書寫與敘事認同」為題。

徐國明

現為國立中山大學社會實踐與發展研究中心博士後研究員、客家委員會諮詢委員、楊逵文教協會理事與美濃農村田野學會理事，曾任文化部、客委會、國藝會、高雄市政府相關計畫主持人。學術研究上，主要關注臺灣原住民族紀錄片、六堆客家研究、社區營造等領域，成果發表於《台灣文學研究學報》、《中外文學》、《東吳中文學報》、《興大中文學報》等期刊，並與楊翠、李淑君合著《後原運．性別．族裔：當代臺灣原住民族女性運動者群像》。

潘憶玉

高雄人。中山大學中文系畢業。現為高雄文學館典藏專員，曾為獨立書店店員。關注在地文學的歷史與生產過程，尋找文學的地方想像。文字見於高雄文學館粉絲專頁與VOCUS。

賴慈芸

現為國立臺灣師範大學翻譯研究所教授。香港理工大學中文及雙語研究系博士。研究領域包括翻譯史研究、文學翻譯、兒童文學翻譯等。著有《翻譯偵探事務所：偽譯解密！台灣戒嚴時期翻譯怪象大公開》、《譯難忘：遇見美好的老譯本》、《當古典遇到經典：文言格林童話選》等書；譯有《嘯風山莊》、《探索翻譯理論》、《愛麗絲鏡中奇遇》及童書多種；並主編《臺灣翻譯史：殖民、國族與認同》。

黃崇凱

雲林人。臺大歷史所畢業。著有小說《新寶島》、《文藝春秋》、《黃色小說》、《壞掉的人》、《比冥王星更遠的地方》、《靴子腿》及《字母會A～Z》（合著）。

郭正偉

編輯、寫作者。曾任基本書坊副總編輯，前讀字書店店長。著有散文集《可是美麗的人（都）死掉了》。

陳國偉

現為文化研究學會理事長，國立中興大學台灣文學與跨國文化研究所優聘副教授兼所長、台灣人文創新學士學位學程主任。研究領域包括臺灣現當代文學、大眾文學、推理小說、流行文化、視覺影像、怪物研究。著有學術專書《越境與譯徑：當代台灣推理小說的身體翻譯與跨國生成》、《類型風景：戰後台灣大眾文學》、《想像台灣：當代小說中的族群書寫》，合編《交差する日台戦後サブカルチャー史》（北海道大学出版会）、韓文學術專書《台灣文學：從殖民的遊記到文化的平台》（HUiNE 韓國外國語大學知識出版院）。

吳昌政

現為臺北市立建國高級中學國文科教師。國立臺灣大學中國文學系碩士。曾合編高中國文課本、文化基本教材。關注國語文教學，相信教學是科學更是藝術。期許自己成為兼備國文學科知識與教育專業知識的教學實踐者。

鄭清鴻

現為前衛出版社主編，國立臺灣師範大學臺灣語文學系碩士。學術興趣為臺灣文學本土論、文學史研究、臺語文運動、文學博物館與文學轉譯。

展覽資訊

江湖有字在：臺灣人文出版史特展

In Words We Thrive: The History of the Liberal Arts Publishing Industry in Taiwan

展期：二〇二二年七月二十二日—二〇二三年五月二十一日

地點：國立臺灣文學館一樓展覽室C

指導單位：文化部

主辦單位：國立臺灣文學館

合辦單位：台灣基督長老教會總會教會歷史委員會、國立科學工藝博物館

協辦單位：獨立出版聯盟

總 策 劃：蘇碩斌

執行策劃：簡弘毅

文案統籌：趙慶華、陳靜

策展團隊：陳靜、許乃仁、林宛臻、陳烜宇、林佳瑩、詹嘉倫、洪千媚、李洋慧、陳依玲

展覽顧問：封德屏、羅文嘉、張俐璇、陳夏民

展示設計製作：極易股份有限公司

藝術裝置：荃澄藝術工作室 藝術家蔡坤霖

文保作業：晉陽文化藝術

臺灣人文出版大事年表

國立臺灣文學館、張俐璇、蔡易澄、廖紹凱整理

1821

- 臺灣第一家雕版印刷機構「松雲軒刻印坊」創立於臺南，主要刊印善書與詩文集。

1881

- 臺灣第一臺活字印刷機「Albion 印刷機」，由基督教長老教會馬雅各醫師從英國寄送來臺；一八八四年巴克禮博士組裝後，正式啟用。

1885

- 七月，基督教長老教會發行臺灣第一份報紙《Tâi-oân Hú-Siâⁿ Kàu-Hōe-Pò》（臺灣府城教會報），為今《台灣教會公報》前身。

1898

- 五月，《臺灣日日新報》創刊，由《臺灣日報》與《臺灣新報》合併，為日治時期臺灣發行量最大的報紙。一九〇五年獨立發行《漢文臺灣日日新報》。
- 村崎長昶以「新高堂」商號開設文具店，兼售書籍。後轉型為全臺最大書店，以

經銷圖書及出版業務為主。

1900

- 兒玉源太郎總督公布《臺灣出版規則》，規定臺灣出版品皆須檢查。

1912

- 許克綏在臺中第一市場成立「瑞成書局」，販售漢文書。

1918

- 十二月，臺灣文社成立，一九一九年元旦創刊《臺灣文藝叢誌》，為臺灣首份漢文雜誌。

1921

- 十月十七日，「臺灣文化協會」成立，總理林獻堂；十一月，創刊《臺灣文化協會會報》，刊有蔣渭水〈臨床講義〉、鷗〈可怕的沉默〉等散文與小說；一九二三年停刊，共七期。

1922

- 四月，《臺灣》創刊，為中、日文並用的綜合雜誌，刊出追風〈她要往何處去？〉、無知〈神秘的自制島〉、蔡培火〈新台灣的建設與羅馬字〉等小說與文論；一九二四年停刊，共十九期。
- 七月，日本共產黨成立。
- 黃茂盛在嘉義成立「蘭記圖書部」。

1923

- 四月，《臺灣民報》創刊於東京，站在臺灣人立場從事報導；一九三〇年更名為《臺灣新民報》。

1925

- 九月，蔡培火自費出版白話字社論散文《Cha̍p-hāng Koán-kiàn》（十項管見），臺南新樓冊房印行。

1926

- 六月，蔣渭水在臺北大稻埕創設「文化書局」，是一間引進革命思潮與民族運動的新式書店，一九三二年歇業。

1927

• 一月，臺中「中央書局」成立。一九九八年歇業，二〇二〇年重啟。

• 七月，連雅堂在臺北大稻埕開設「雅堂書局」，販售圖書來自商務印書館、中華書局等上海各大書局。書店兼售杭州扇，另售有當時禁書《三民主義》。

• 八月，《臺灣民報》移回臺灣發行，仍為週刊形式。

1928

• 三月，中文政論週刊《台灣大眾時報》創刊，為一九二七年臺灣文化協會分裂後，左傾新文協之機關誌；同年七月停刊，共十期。

• 四月，臺灣共產黨在上海成立。

1929

• 一月，謝雪紅在臺北大稻埕開設「國際書局」；二月十二日，即因「違反出版法規」，在全島大整肅中遭逮捕；一九三一年在官方肅清臺共行動中，結束營業。

• 八月，日文現代詩雜誌《南溟樂園》創刊，初為蠟寫印刷物，一九三〇年改為活版印刷並更名為《南溟藝園》，至一九三三年停刊，共二十七冊。二〇一八年，盛浩偉撰寫〈詩的燃點：〈多田南溟致郭水潭函〉與《南溟樂園》新春第四號的故事〉，為臺文館藏品轉譯文章的第一篇。

1930

• 六月，無產階級文藝雜誌《伍人報》創刊，由王萬得、蔡德音等人合辦，創刊號即遭禁。八、九月，《伍人報》第九至十一號連載黃石輝〈怎樣不提倡鄉土文學〉，是臺灣話文論戰的開端。

• 九月九日，《三六九小報》在臺南創刊，每月出刊九次，是臺灣第一份仿效中國小報形式的報紙，發行至一九三五年九月六日。

1931

• 六月，王白淵《荊棘之道》由日本盛岡久寶庄書店發行，為臺灣新文學史上第一本日文詩文集。

1932

- 一月，葉榮鐘、莊遂性等發起《南音》半月刊，為中文文藝雜誌。
- 四月，《臺灣新民報》開始發行日刊，為臺灣人經營的唯一日刊報紙。

1933

- 四月，臺灣愛書會成立，由臺北帝國大學教授、總督府圖書館館長、臺灣日日新報社社長共同創辦；六月，日文文藝研究雜誌《愛書》創刊，第二期起由西川滿擔任編輯兼發行人。
- 七月，日文文藝雜誌《福爾摩沙》在東京創刊，為臺灣藝術研究會機關誌，由蘇維熊、吳坤煌、張文環擔任編輯。
- 十月，楊熾昌等「風車詩社」同仁發行《風車》詩刊。

1934

- 五月，「臺灣文藝聯盟」成立；十一月，創刊《臺灣文藝》。
- 九月，西川滿創辦「媽祖書房」；一九三八年改名為「日孝山房」。

1935

- 五月，風月俱樂部在大稻埕創刊《風月》，發行至一九三六年二月。
- 十二月，楊逵離開臺灣文藝聯盟，另外發行《臺灣新文學》。

1936

- 黃次俊創立日文古書店「鴻儒堂」。

1937

- 四月，《臺灣日日新報》、《臺灣新聞》、《臺南新報》三報停止漢文欄；《臺灣新民報》漢文欄縮減一半，至六月一日全面廢止。
- 七月，大眾雜誌《風月報》創刊；一九四一年改稱《南方》半月刊。

1939

- 西川滿籌組「臺灣詩人協會」，發行《華麗島》詩誌。一九四〇年改組為「臺灣文藝家協會」，發行《文藝臺灣》。
- 七月，黃得時在主編的《臺灣新民報》學藝欄推出「新銳中篇創作集」，連載翁鬧、王昶雄、龍瑛宗、呂赫若、張文環等作家的中篇小說，打破臺灣作家噤聲局面。

1941

- 二月，《臺灣新民報》改稱《興南新聞》。
- 五月，張文環等人籌組「啟文社」，發行《臺灣文學》。
- 七月，金關丈夫、池田敏雄等人創刊《民俗臺灣》。

1942

- 四月，臺中一中學生朱實、張彥勳、許世清成立文藝團體「銀鈴會」；一九四四年發行油印刊物《邊緣草》；一九四八年發行中日文詩刊《潮流》。

1943

- 戰爭統合機構「臺灣出版會」成立，規範企劃審查、用紙配給及出版物配給。

1944

- 四月，臺灣全島六家日報：臺北《臺灣日日新報》、《興南新聞》、臺中《臺灣新聞》、臺南《臺灣日報》、高雄《高雄新報》與花蓮《東臺灣新聞》，合併為《臺灣新報》。
- 五月，臺灣總督府發行《臺灣文藝》，初步統合戰爭時期藝文刊物。

1945

- 八月十五日，日本投降。《臺灣新報》日籍幹部將報社交接給原屬《興南新聞》的臺籍同事。
- 十月二十五日，臺灣行政長官公署接收《臺灣新報》資產，改制更名為《台灣新生報》。
- 十二月，戰後臺灣第一家本土出版社「東方出版社」在「新高堂書店」原址成立。
- 一九一二年在上海成立的「中華書局」來臺成立特約所，一九四九年正式遷臺。

1946

- 二月，《中華日報》在臺南創刊；由龍瑛宗主編日文版文藝欄。
- 一九二六年在上海成立的「開明書店」來

臺開設分店。

1947

- 十月，一八九七年成立的「商務印書館」設立臺灣分館；一九五〇年改名「臺灣商務印書館」。《自立晚報》、《公論報》創刊。

1948

- 十二月，《國語日報》創刊。

1949

- 三月，創刊於上海的《中央日報》開始發行臺北版；武月卿主編「婦女與家庭」版副刊，每週日出刊。
- 五月二十日，頒布戒嚴令，報章雜誌與出版品都受到控制審查。
- 十月，中華人民共和國成立。
- 十一月，《台灣新生報》新生副刊召開「讀者作者聯誼座談會」，確立「戰鬥性第一，趣味性第二」的編輯原則。胡適、雷震等人在臺北創辦《自由中國》半月刊。
- 十二月，中華民國首都遷至臺北。

1950

- 三月，「中華文藝獎金委員會」成立，簡稱「文獎會」，主委張道藩。翌年五月創刊機關誌《文藝創作》，至一九五六年底停刊，主導五〇年代前期反共文藝的發展。
- 五月，「中國文藝協會」成立；十二月「文協」以「文藝到軍中去」口號，推展軍中文藝。

1951

- 七月，中國農復會、美國經合分署、美新處合辦《豐年》雜誌；至一九五六年底前設有日文版。

1952

- 蕭孟能與朱婉堅在臺北市衡陽路十五號創辦文星書店；一九五七年創辦《文星》雜誌；一九六三年由李敖接任主編；一九六五年停刊；一九六八年書店遭勒令停業。

- 十月，《青年戰士報》創刊。「中國青年反共救國團」成立。
- 十二月，《臺北文物》創刊。

1953

- 一月，中國青年反共救國團創辦《幼獅月刊》，隔年《幼獅文藝》創刊。
- 七月，劉振強、柯君欽、范守仁創辦「三民書局」；一九七五年成立關係企業「東大圖書公司」。
- 陳暉在高雄開設「大業書店」，一九六二年出版郭良蕙《心鎖》，翌年遭查禁。

1954

- 二月，平鑫濤創辦「皇冠雜誌社」，出版《皇冠》雜誌，發行迄今；一九六五年成立「皇冠出版社」，一九九四年起舉辦「皇冠大眾小說獎」，一九九七年成立「皇冠文化集團」。
- 十月，《創世紀》詩刊在高雄左營創刊，主編張默、洛夫，第二期起加入瘂弦，一九六九年休刊，共二十九期；一九七二年在臺北復刊，發行迄今。

1955

- 九月，《徵信新聞》（一九六八年更名為《中國時報》）開闢「人間副刊」。

1956

- 九月，夏濟安主編之《文學雜誌》創刊，發行至一九六〇年八月，共四十八期。

1957

- 三月，「中國文藝協會」創辦《筆匯》半月刊，為單張報紙型刊物，發行人任卓宣；一九五九年由政大中文系大學生尉天驄接編，以「革新號」之名發行至一九六一年。
- 四月，鍾肇政發起《文友通訊》，發行至一九五八年九月，共十六期。

1958

- 柯旗化在高雄創立「第一出版社」。

1960

- 三月，《現代文學》創刊。

1962

・梅遜（楊品純）為解決作家文友的出版需求，創辦「大江出版社」，一九七三年結束業務。

・七月，前身為中國文藝協會「新詩研究班」的「葡萄園詩社」成立，文曉村等人創辦《葡萄園》詩刊，發行迄今。

1964

・四月，吳濁流創刊《臺灣文藝》雜誌，一九七〇年創設「吳濁流文學獎」，二〇〇三年停刊，共一八七期。

・六月，陳千武、吳瀛濤、錦連等人創辦《笠》詩刊，發行迄今。

1965

・元旦，國立藝專校友邱剛健等人創辦《劇場》雜誌，發行至一九六七年，共九期。

・十月，臺灣省光復二十週年，鍾肇政主編之《本省籍作家作品選集》十冊由「文壇社」出版；《臺灣省青年文學叢書》十冊由「幼獅書店」出版。

1966

・六月，彭誠晃等人創辦「水牛出版社」，出版王尚義遺作《野鴿子的黃昏》嶄露頭角；一九七一年，彭誠晃再辦「大林出版社」，其後整併在水牛名下；二〇一二年由羅文嘉接手經營。

・十月，《文學季刊》創刊，尉天驄主編。

・楊榮川在苗栗縣通霄鎮五南里創辦「五南書廬」，為「五南文化事業機構」前身。

1967

・張清吉創辦「志文出版社」，以「新潮文庫」等叢書知名於臺灣出版界。

1968

・一月，鄧維楨創辦《大學雜誌》，野人出版社出版，第五期起改由環宇出版社總經銷，並陸續出版「大學叢刊」、「長春藤文庫」等系列文集。

・十二月，林海音創辦「純文學出版社」。

・義務教育由六年延長為九年，由國立編譯館編暫定本教材。一九七二年齊邦媛任國立編譯館人文社會組主任，正式編印國民中學第一套部定本國文教科書。

1970

- 六月，「傳記文學社」等北中南約三十家出版社，在成都路一號聯營開闢「中國書城」。
- 八月，白先勇與白先敬成立「晨鐘出版社」。
- 十一月，高雄三信家商創辦人林瓊瑤成立「三信出版社」，一九七九年由學校董事會關閉。

1971

- 三月，《雄獅美術》創刊。《龍族》詩刊創刊。
- 十月，具有軍方色彩的「黎明文化」事業股份有限公司成立，一九七五至一九八一年間推出「中國新文學叢刊」，出版上百本作家（自）選集。
- 十二月，《影響》雜誌以報紙形式創刊，發行人王曉祥，出刊至一九七九年，共二十四期。
- 在高雄朱寶龍成立「希代書版公司」，一九八八年創刊《小說族》雜誌。

1972

- 三月，蔡浪涯成立「好時年出版社」。
- 六月，臺大外文系朱立民、顏元叔、胡耀恆等老師創辦《中外文學》月刊。
- 九月，中華民國筆會創刊 *THE CHINESE PEN*，二〇〇五年更名為 *THE TAIPEI CHINESE PEN*（當代台灣文學英譯），二〇一七年中文刊名再改為「台灣文譯」，發行迄今。
- 洪建全教育文化基金會創辦《書評書目》雙月刊，由隱地、簡靜惠主持編務，一九八二年停刊，共一百期。
- 十月，姚宜瑛創辦「大地出版社」。

1973

- 四月，「中華民國圖書出版事業協會」成立，一九七五年起，陸續舉辦全國書展、全國教科書展覽，一九七六年創辦會刊《出版之友》，一九七八年起固定每年春秋兩季在信義路國際學舍舉辦全國書展，為一九八七年始創的「台北國際書展」前身。

- 五月，《出版家》雜誌創刊，一九七七年停刊，共五十七期。

1974

- 聯合報系創辦人王惕吾委由劉國瑞創辦「聯經出版」。
- 賴阿勝創辦「桂冠圖書公司」，二〇二二年解散。
- 沈登恩、鄧維楨、王榮文創辦「遠景出版社」。
- 「北商青年」文友成立「香草山書屋」，後由邱文福接手並成立「香草山出版公司」，一九七六年出版楊逵小說集《鵝媽媽出嫁》。
- 一月，古丁、涂靜怡、綠蒂創辦《秋水》詩刊，發行迄今。

1975

- 一月，余紀忠創辦「時報文化出版」。《愛書人》雜誌創刊，為報紙型刊物。
- 五月，豐年社創辦《農業周刊》；一九八九年更名轉型為《鄉間小路》月刊。
- 六月，何政廣創刊《藝術家》月刊，隔年獲得第一屆金鼎獎。
- 七月，隱地創辦「爾雅出版社」。「台北市出版商業同業公會」成立，一九八〇年創辦《出版界》季刊，截至二〇一六年底，共發行一一四期。
- 八月，《臺灣政論》創刊。
- 九月，王榮文創辦「遠流出版社」。鄧維楨成立「長橋出版社」。

1976

- 二月，《夏潮》創刊，一九七九年遭查禁停刊，共三十五期
- 三月，陳憲仁創辦《明道文藝》，一九八一年起主辦「全國學生文學獎」，二〇一三年改制為「全球華文學生文學獎」。
- 楊牧、葉步榮、瘂弦、沈燕士創辦「洪範書店」。
- 魏德文成立「南天書局」。
- 《聯合報》設立「聯合報小說獎」。
- 國防部後備指揮部成立「中華民國青溪新

文藝學會」，一九七八年創辦《文學思潮》季刊，發行人尹雪曼。

- 呂秀蓮成立「拓荒者」出版社。

1977

- 八月，《聯合報》副刊連續四天登出彭歌〈不談人性．何有文學〉和余光中〈狼來了〉兩篇文章，被視為是鄉土文學論戰氛圍轉向政治肅殺的關鍵。
- 朱天文、朱天心等創辦《三三集刊》，發行至一九八一年，共二十八期；一九七九年成立「三三書坊」，出版二十二本書，包含胡蘭成化名李磬的《禪是一枝花》等。
- 臺大外文系畢業生蘇正隆、李泳泉等人開設「書林書店」並成立「書林出版社」，翌年出版《鄉土文學討論集》，尉天驄主編，該書版權其後轉讓遠景出版社。

1978

- 《中國時報》「人間副刊」設立「時報文學獎」。
- 三月，《中華日報》副刊主編的蔡文甫創辦「九歌出版社」。
- 五月，張恆豪創立「鴻蒙文學出版公司」，發行《前衛》叢刊，共三期。
- 十月，「掌門詩學社」在高雄成立，翌年創辦《掌門詩刊》。

1979

- 美國與中華人民共和國建交。
- 三月，李南衡主編《日據下臺灣新文學》五冊，明潭出版社出版。
- 五月，王溢嘉、嚴曼麗成立「野鵝出版社」。
- 七月，葉石濤、鍾肇政主編《光復前臺灣文學全集》八冊，遠景出版社出版。
- 八月，《美麗島》雜誌創刊。謝嘉珍主編「抗戰文選」八冊，長橋出版社出版。第一屆「鹽分地帶文藝營」在臺南北門南鯤鯓廟舉辦。
- 九月，遠景出版社爭取到金庸小說解禁，推出「金庸作品集」第一部《俠客行》。
- 十二月，向陽、苦苓等人創辦《陽光小集》，一九八四年停刊，共十三期。

1980

- 詩人陳坤崙在高雄創立「春暉出版社」。
- 陳銘民在臺中成立「晨星出版社」；一九九七年起先後成立「太雅」、「大田」、「好讀」出版事業群。

1981

- 吳榮斌創辦「文經出版社」；一九九八年出版《張深切全集》十二卷。
- 六月，高希均、王力行創辦《天下雜誌》，翌年成立「天下文化出版公司」。

1982

- 陳隆昊登記成立「唐山出版社」，一九八四年開設「唐山書店」，一九八八年起出版《台灣社會研究》季刊迄今。
- 一月，葉石濤、鄭炯明、曾貴海、陳坤崙、彭瑞金、許振江等人創辦《文學界》。
- 二月，李元貞成立「婦女新知雜誌社」，發行《婦女新知》。救國團成立「張老師出版社」，一九九四年與「張老師月刊社」合併改組為「張老師文化」事業股份有限公司。
- 七月，國民黨文工會設立「文藝資料研究及服務中心」，一九八三年創刊《文訊》雜誌，二〇〇三年改隸財團法人台灣文學發展基金會。
- 九月，林文欽創辦「前衛出版社」，以臺灣本土意識、文化與歷史等議題為核心。新光集團吳東昇創辦「允晨文化」出版社。
- 十月，林錫嘉主編《七十年散文選》，為九歌出版的第一本年度散文選，往後逐年出版。

1983

- 金石堂書店、何嘉仁書店等連鎖書店成立。
- 一九六六年成立的新學友書局設立敦化店書香園，開始書店與咖啡店的結合。
- 應鳳凰編《一九八〇年文學書目》，大地出版社出版，為臺灣第一本「年度文學書目」。
- 林福南、陳亞才等馬來西亞旅臺學生創辦《大馬青年》，為綜合性學術文學雜誌。
- 廖秀惠成立「結構群出版社」，前身為臺北市新生南路上的禁書攤，目前主售簡體字學術書籍。

- 國家電影圖書館創刊《Fa電影欣賞》雜誌，發行迄今。

1984

- 三月，鄭南榕創辦《自由時代》週刊，至一九八九年《台灣時代》週刊停刊，「自由時代」系列週刊共出版三〇二期。
- 十一月，《聯合文學》雜誌創刊。林佛兒創刊《推理》雜誌。
- 十二月，「中華民國兒童文學學會」成立，翌年發刊《中華民國兒童文學學會會訊》，二〇一五年更改刊名為《火金姑》。
- 《自立晚報》舉辦第一次百萬小說徵文，三次徵選從缺，一九九〇年第四次舉辦，由凌煙《失聲畫眉》獲獎。

1985

- 簡志忠創辦「圓神出版社」，旗下陸續設立方智、先覺、究竟、如何、寂寞出版社。
- 十一月，陳映真創辦以報導文學為走向的《人間》雜誌。

1986

- 五月，《當代》雜誌創刊，首期為傅柯專輯。
- 六月，柯旗化創辦《台灣文化》季刊。
- 九月，林文欽、王世勛、宋澤萊等人創辦《台灣新文化》雜誌。民進黨成立。

1987

- 「五小」出版社合辦《五家書目》，分送讀友。
- 二月，「台灣筆會」成立。

1988

- 一月，臺灣解除報禁。
- 四月，《中國時報》書評版「開卷周報」正式創刊，並於次年評選「開卷好書獎」。

1989

- 第一家「誠品書店」於臺北市仁愛敦南圓環開幕。
- 四月七日，《自由時代》週刊總編輯鄭南榕為追求「百分之百的言論自由」，在雜誌社引火自焚。

- 十一月，「太陽系 MTV」總經理吳文中創辦《影響電影雜誌》，一九九八年停刊。
- 十二月，時報文化出版漫畫《腦筋急轉彎》，阿江編劇，楊若笙作畫；最初為《中國時報》家庭版連載的單篇笑話。

1990

- 二月，國家圖書館成立「國際標準書號中心」實施 ISBN 編號制度，以及 CIP 預編書目作業。
- 臺中縣立文化中心推出「文學薪火相傳：臺中縣文學家作品集」系列，首輯第一冊為《陳千武作品選集》，為各縣市政府編選作家作品集的開始。

1991

- 一月，劉墉自組「水雲齋文化出版公司」，出版《肯定自己》等自作。
- 二月，前衛出版「台灣作家全集」，張恆豪主編《賴和集》等日治時代短篇小說卷十冊十七位作家作品；至二〇〇二年中島利郎編《周金波集》，「台灣作家全集」共出版五十二冊五十八位作家作品。
- 七月，鄭良光在洛杉磯創辦《台文通訊》月刊，二〇一二年與《台文 BONG 報》（一九九六年創辦）合刊，號作《台文通訊 BONG 報》，由李江却台語文教基金會發行迄今。
- 十月，《島嶼邊緣》創刊，至一九九五年，共十四期。
- 十二月，《文學臺灣》創刊，為先前《文學界》之延續。

1992

- 一月，陳雨航與蘇拾平創立「麥田出版社」。
- 四月，《聯合報》書評專版「讀書人」創刊。
- 五月十六日，《中華民國刑法》第一百條修正頒布，終結「言論叛亂罪」的法源。
- 六月十二日，《著作權法》新法實施，規定不得重製未獲授權之翻譯出版品，已印製完成之出版品，二年後不得銷售，是為「六一二大限」。從此，臺灣正式被納入國際版權交易的市場。

- 七月七日，海外黑名單返臺禁令取消。
- 十二月，尹玲、白靈、向明、李瑞騰、渡也、游喚、蕭蕭、蘇紹連八人共同集資成立創辦《臺灣詩學季刊》，發行四十期後，二〇〇三年改名為《臺灣詩學學刊》、蘇紹連建立「臺灣詩學．吹鼓吹詩論壇」網站，二〇〇五年以紙本方式出版《吹鼓吹詩論壇》，「臺灣詩學」特殊的「一社兩刊」發行迄今。
- 年底，中山大學「美麗之島」ＢＢＳ站成立，為全臺首座電子布告欄系統。

1993

- 山海文化雜誌社成立，創辦《山海文化》雙月刊，至二〇〇〇年停刊。
- 《愛福好自在報》創刊，簡稱《愛報》，為臺灣第一份女同志刊物，一九九五年停刊，共四期。

1994

- 四月，李元貞、鄭至慧等人成立「女書店」；一九九六年開始出版性別議題圖書。
- 六月十二日，「六一二大限」無版權外文譯書合法銷售截止日。
- 十月，臺灣第一個女同志團體「我們之間」創辦《女朋友》雙月刊，二〇〇三年停刊，共三十五期。
- 「聯合報小說獎」擴大徵選範圍，改名「聯合報文學獎」。

1995

- 魏淑貞創辦「玉山社」。
- 四月，王世勛、宋澤萊創辦《台灣新文學》，設有王世勛文學新人獎，二〇〇〇年停刊；二〇〇一年王世勛與宋澤萊、方耀乾等人成立「台灣新本土社」並創辦《台灣 e 文藝》，二〇〇二年停刊；二〇〇五年胡長松等「台灣新本土社」成員創辦以臺語文書寫為主的《台文戰線》，發行迄今。
- 七月，亞馬遜（Amazon）網路書店成立。
- 九月，《中時電子報》創立。ＢＢＳ站「批踢踢實業坊（ＰＴＴ）」在臺灣大學男生宿舍成立。《破週報》創刊，首期封面標題為「墮胎的一百種態度」，標舉「孽世代之聲」，二〇一四年停刊。

1996

- 一月，時報文化承辦台北國際書展，是首度由民間承辦書展。文建會策劃、文訊雜誌社主辦「五十年來的台灣文學系列」第四場「台灣文學出版」研討會在佛光山臺北道場舉辦。
- 詹宏志結合麥田、貓頭鷹及商周等三家出版社，成立「城邦文化出版集團」。

1997

- 一月，《乾坤詩刊》創刊，發行迄今，是當前唯一兼收古典詩與現代詩的詩刊。
- 楊牧主編《徐志摩散文選》出版，為洪範書店最後一本鉛字排版書，其後為電腦排版。

1998

- 痞子蔡在ＢＢＳ發表小說《第一次的親密接觸》，其後集結出版，並改編成電影和漫畫。
- 彭淑芬成立「喜菡文學網」，二〇〇四年舉辦「喜菡文學獎」，二〇一三年創刊《有荷》文學雜誌，發行迄今。

1999

- 一月，「晶晶書庫」書店成立，為亞洲第一家同志主題書店。立法院通過《出版法》廢止案。
- 誠品敦南店成為臺灣第一間二十四小時營業書店。
- 《國民教育法》修訂，國中小教科書由部編制開放為民間本審定制，搭配九年一貫課程綱要的「一綱多本」正式上路。

2000

- 臺灣第一份電子報《明日報》創刊、《自由電子報》開站、聯合新聞網成立。
- 貓頭鷹出版社創辦人郭重興，與木馬、左岸、遠足、野人、繆思五家出版社，共創「讀書共和國」出版集團，迄今旗下擁有超過六十個出版品牌。
- 七月，《誠品好讀》月報創刊，採會員贈閱方式，二〇〇八年停刊，共八十六期。

2001

- 二月，《海翁台語文學》雙月刊創刊，開朗雜誌事業有限公司出版。

- 七月，《臺灣文學評論》季刊創刊，張良澤主編，真理大學臺灣文學資料館出版，二〇一二年停刊。

2002

- 顏擇雅創辦「雅言文化」出版股份有限公司。
- 陳雨航成立「一方出版社」。

2003

- 誠品推出《誠品報告》，為出版市場的正確統計資料跨出一步。
- 三月，成大台文系文學刊物《島語：台灣文化評論》創刊，游勝冠總編輯，春暉出版社出版，至二〇〇四年，共發行四期。
- 七月，《文訊》雜誌社推出「臺灣文學雜誌」專號。
- 九月，《印刻文學生活誌》、《野葡萄文學誌》創刊。
- 十月十七日，國家臺灣文學館（籌備處）開館；二〇〇七年更名為「國立臺灣文學館」。

2004

- 台北國際書展首度設置專為書籍美術設計而舉行的「金蝶獎」。
- Facebook 創立。
- 黃俊隆創立「自轉星球文創」，帶動部落格出版風潮。

2005

- 首屆「林榮三文學獎」由林榮三文化公益基金會主辦、自由時報協辦。
- YouTube 創立。
- 三月，陳千武、趙天儀創辦《台灣現代詩》季刊，發行迄今。
- 七月，中華文化總會創辦《新活水》雙月刊。
- 十二月，臺南縣政府文化局創辦《鹽分地帶文學》雙月刊。

2006

- 蘇拾平成立「大雁出版基地」。
- 鴻鴻成立「黑眼睛文化」出版社，二〇〇八年創辦《衛生紙+》詩刊，二〇一六年停刊。

- 「小小書房」成立，二〇一〇年發行《小小生活：永和社區藝文誌》，二〇一一年成立「小寫出版」，總編輯虹風，二〇一四年創辦《本本／a book》閱讀誌，發行五期後休刊。
- 成露茜、張正創辦《四方報》月刊，初期以越南文、印尼文為主，其後加入菲律賓、泰國、緬甸、柬埔寨等，共有六國語言。二〇一三年，張正另立「四方文創股份有限公司」，出版七屆「移民工文學獎得獎作品集」。

2008

- 七月，「臺灣數位出版聯盟」成立。譚光磊創立「光磊國際版權經紀有限公司」，二〇一一年售出吳明益長篇小說《複眼人》（由讀書共和國的夏日出版）多國版權，開創臺灣小說首次由國外主流文學出版社買下版權的先例。
- 十二月，文訊雜誌社出版《台灣人文出版社30家》。
- 劉子華成立「南方家園」出版社。

2009

- 富察延賀成立「八旗文化」，為「讀書共和國」成員之一，主打「中國觀察」路線。
- 《CCC創作集》（*Creative Comic Collection*）季刊出版，為臺灣第一本漫畫人文誌。
- 「台文筆會」成立，二〇一三年創辦《台文筆會》年刊。
- 劉霽創立「一人出版社」。

2010

- 博客來「OKAPI閱讀生活誌」成立，站內文章以創作者、出版者的專訪為大宗。
- 《文學客家》創刊。
- 陳夏民成立「逗點文創結社」。
- 葉美瑤成立「新經典圖文傳播有限公司」，簡稱「新經典文化」。

2011

- 高中生路熙創刊小誌《毒草》。
- 李威儀創辦《Voice of Photography 攝影之聲》。
- 劉粹倫創立「紅桌文化」出版社，二〇

一三年推出第一本自製書《公民不冷血：新世紀台灣公民行動事件簿》，管中祥主編。

2012

- 三月，「野薑花雅集詩社」成立，六月創辦《野薑花詩集》季刊。二〇一六年立案為「野薑花詩學出版社」。
- 六月，傅月庵主編《短篇小說》雙月刊創刊；二〇一三年二月第五期起，由初安民接編；二〇一三年六月第七期起，連載「字母會」小說創作；至二〇一五年十二月，共發行二十二期。

2013

- 朱宥勳發起電子書版文學書評月刊《秘密讀者》，發行至二〇一八年，共四十二期。
- 劉定綱、廖之韻成立「奇異果文創」，二〇一八年投入高中國文教科書出版。
- 黃珮珊成立「慢工出版社」，二〇一七年創辦《熱帶季風》，是亞洲第一本給大人的紀實漫畫刊物；二〇二〇年出版《來自清水的孩子》。
- 十二月，林宜澐成立「蔚藍文化」出版社。文訊雜誌社出版《台灣人文出版社18家及其出版環境》。

2014

- 夢田文創策劃製作電視劇《巷弄裡的那家書店》，劇末播出由侯季然拍攝臺灣四十家獨立書店的紀錄片《書店裡的影像詩》。
- 傅月庵創辦「掃葉工房」，秉持「小農出版」構想，首推雷驤作品集與畫集，限量印後絕版。
- 一月，發刊三十年的《聯合文學》改版，為臺灣第一本全彩文學生活刊物。
- 四月，發刊六十年的《幼獅文藝》改版，新增「類型文學」徵稿。
- 「聯合報文學獎」轉型為「聯合報文學大獎」。
- 吳建興成立「五花鹽有限公司」，出版黃謙賢《三一八暴民展》，翌年創辦不定期出刊的專題小誌《五花鹽》。

2015

- 「獨立出版聯盟」成立，成員為微型獨立出版社與個人創作出版者。
- 張正、廖雲章創辦「燦爛時光：東南亞主題書店」。

2016

- 蔡瑞珊創立「青鳥書店」，總顧問張鐵志。

2017

- 讀墨推出第一臺國產電子書閱讀器「mooInk」。
- 台北國際書展推出「做本ZINE」，自出版、一人出版社、自媒體時代、獨立地方誌到Zine及小誌市集的風行，成為年輕世代展現創造力的出版形式。
- 數位書評媒體「Openbook閱讀誌」上線，前身為《中國時報》書評版「開卷周報」。

2018

- 一月，《新活水》雜誌推出「我的雜誌，我的世界：ZINE世代與他們心中的那口井」專題。
- 三月，國家圖書館創刊《臺灣出版與閱讀》季刊，前身為《全國新書資訊月刊》。
- 十月，馬來西亞華文作家林韋地在臺北六張犁開設「季風帶書店」，二〇一九年遷址大稻埕。
- 十二月，原衛城出版社總編輯莊瑞琳自行創立「春山出版社」，翌年創刊《春山文藝》。
- 國立臺灣文學館舉辦第一屆「臺灣文學數位遊戲腳本徵選」活動，學生組首獎作品於二〇一九年後製為第一人稱射擊遊戲《夢獸之島》，社會組首獎作品於二〇二〇年開發為解謎益智遊戲《一九四〇》。

2019

- 三月，八旗文化出版何清漣《紅色滲透：中國媒體全球擴張的真相》；翌年一月，《反滲透法》公告實施。
- 四月，《人間魚詩生活誌》創刊。
- 十二月，國立臺灣文學館出版白色恐怖文學桌遊《文壇封鎖中》。

2020

- 一月，國家人權館與春山合作出版《讓過去成為此刻：臺灣白色恐怖小說選》四卷。
- 四月，香港人林榮基在臺北市中山區重啟「銅鑼灣書店」。
- 九月，國立臺灣文學館特展推廣專書《文豪曾經來過：佐藤春夫與百年前的臺灣》，河野龍也、張文薰、陳允元主編，衛城出版。
- 十一月，國立臺灣文學館常設展延伸專書《文青養成指南：臺灣文學史基本教材》，國立臺灣文學館主編與出版。
- 十二月，國立臺灣文學館特展推廣專書《不服來戰：憤青作家百年筆戰實錄》，朱宥勳主編，奇異果文創出版。
- 時報文化自營書店「時報本鋪」收藏展示活字印刷機，見證萬華出版產業史。

2021

- 四月，國家人權館與春山合作出版《靈魂與灰燼：臺灣白色恐怖散文選》五卷。
- 十月，國立臺灣文學館特展推廣專書《性別島讀：臺灣性別文學的跨世紀革命暗語》，王鈺婷主編，聯經出版。
- 十二月，國立臺灣文學館特展推廣專書《百年情書：文協時代的啟蒙告白》，蔡明諺主編，國立臺灣文學館出版。黃宗潔主編《孤絕之島：後疫情時代的我們》，木馬文化出版。

2022

- 七月，國立臺灣文學館推出「江湖有字在：臺灣人文出版史」特展。
- 八月，國立臺灣文學館特展推廣專書《成為人以外的：臺灣文學中的動物群像》，黃宗潔主編，聯經出版。

2023

- 一月，國立臺灣文學館特展推廣專書《出版島讀：臺灣人文出版的百年江湖》，張俐璇主編，時報文化出版。

出版島讀：臺灣人文出版的百年江湖

策　　劃—國立臺灣文學館
監　　製—林巾力
主　　編—張俐璇
作　　者—蘇碩斌、蔡易澄、劉柳書琴、林月先、張文薰、楊佳嫻、張俐璇、王梅香、王鈺婷、金瑾、金儒農、李淑君、楊宗翰、趙慶華、徐國明、潘憶玉、賴慈芸、黃崇凱、郭正偉、陳國偉、吳昌政、鄭清鴻
計畫執行—簡弘毅、陳靜
資深編輯—張擎
責任企畫—郭靜羽
美術設計—吳郁嫻
人文線主編—王育涵
總 編 輯—胡金倫
董 事 長—趙政岷
出 版 者—時報文化出版企業股份有限公司
108019 臺北市和平西路三段 240 號 7 樓
發行專線—02-2306-6842
讀者服務專線—0800-231-705 ｜ 02-2304-7103
讀者服務傳真—02-2302-7844
郵　　撥—1934-4724 時報文化出版公司
信　　箱—10899 臺北華江橋郵政第 99 信箱

時報悅讀網—www.readingtimes.com.tw
人文科學線臉書—https://www.facebook.com/humanities.science/
法律顧問—理律法律事務所 陳長文律師、李念祖律師
印　　刷—家佑印刷有限公司
初版一刷—二〇二三年一月十三日
定　　價—新台幣四二〇元

本書圖片如未特別註明者，皆由國立臺灣文學館提供。

時報文化出版公司成立於一九七五年，並於一九九九年股票上櫃公開發行，於二〇〇八年脫離中時集團非屬旺中，以「尊重智慧與創意的文化事業」為信念。

國立臺灣文學館
National Museum of Taiwan Literature

出版島讀：臺灣人文出版的百年江湖／蘇碩斌，蔡易澄，劉柳書琴，林月先，張文薰，楊佳嫻，張俐璇，王梅香，王鈺婷，金瑾，金儒農，李淑君，楊宗翰，趙慶華，徐國明，潘憶玉，賴慈芸，黃崇凱，郭正偉，陳國偉，吳昌政，鄭清鴻作；張俐璇主編．-- 初版．-- 臺北市：時報文化出版企業股份有限公司，2023.01｜　面；　公分．--（歷史與現場；331）｜ ISBN 978-626-353-187-1(平裝)｜ 1.CST: 出版 2.CST: 出版業 3.CST: 歷史 4.CST: 臺灣｜ 487.7933 ｜ 111018659

ISBN 978-626-353-187-1
Printed in Taiwan